電動汽車原理與實務

五南圖書出版公司 印行　　曾逸敦◎著

自　序

　　大約在十年前雖然如願的升上教授，但好像也失去生活的重心。為了重新找到對生活的熱情與活力，決定投入古董車的世界，於是買下了我人生第一台保時捷 911（1992 年的 964）。經歷了剛購買車子的喜悅及隨之而來車子出問題的煩惱，找到正確的原因及零件通常都需要好幾次的車友討論，上網搜尋資料並向保養廠技師請教，最後耐心地等待問題解決後的成就感。

　　隨著上述循環次數的增加，也不斷地累積我對車子的基本知識。許多大學生也來找我進行車子相關的專題研究，我於是成立的一個部落格：曾教授與古董保時捷（/eatontseng.pixnet.net/），把一些比較實用的成果放在網路上與大家分享。並且我也開始在學校裡面開授汽車學課程，並且出了《汽車學的原理與實務》這一本書當作上課的教材。在此課程中我試圖做到兩件事情：第一件事情是將汽車的發展由古老的化油器時代、機械噴射時代及至近代的電子／電腦噴射時代做一個有系統地介紹；第二件事情是將車子的理論與實務互相結合，所有提供的示意圖都儘量與汽車真實結構互相搭配。

　　這一本《電動汽車原理與實務》主要介紹發展近百年的歷史，第一個重點為電動車動力來源：馬達，詳細介紹直流馬達與交流馬達的運作原理及相對的驅動方式。其餘的重點包含電池的介紹、油電混和車近幾年的發展及其與純電動車的差別，還有基本車輛的電腦模擬方式介紹。

目 錄

CONTENTS

第5章　直流馬達驅動

第6章　電動車感應馬達的工作原理

目　錄

第 **1** 章

電動車的歷史與展望

一般大眾只要想到汽車，通常腦海中所浮現的是上下振動的引擎，並穿插著排氣管洩出的廢氣，最後則是車輛奔馳於道路上所引發的轟轟巨響。若要探討起為什麼大多數人會有這個印象，其實多半與人類歷史對於能源載體轉換的技術極限有關。傳統車輛的運作，來自於化石燃料藉由點火燃燒產生的化學能，這部分能量通常被進一步轉換為機構的動能，從而誘導出車輛的速度。然而，這將必產生兩點不可避免的副作用：

第一、能量轉換效率不佳，大量佚失。受限於現實，任何一種能量形式的轉換效率都有其極限，若以相同原理的火力發電廠來說，化石燃料的燃燒就意味著能量在空氣中的溢散，而根據台灣電力公司自己的評估，縱使是最新的火力發電機組，其中也有高達約七成的能量轉換成人類無法利用的熱能，從而消逝在空氣中。這還不打緊，能量轉換成機械能之後，機構與機構間的磨擦力即使經過潤滑，也同樣會變成熱能溢散。上述的情況便成為了傳統汽車引擎下發展的一大難處。

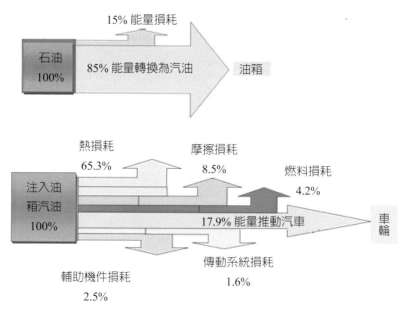

圖 1.1　汽油車能量轉換效率

第二、廢氣排放嚴重。化石燃料中內含大量的碳氫氧、氮化合物，甚至是具有毒性的硫化物都含納其中，這意味著汽車每一次引擎的燃燒啓動都對環境是一種傷害。在歐洲針對汽車廢氣也有嚴格規範，從 1992 年開始，歐盟便實行了歐洲一號汽車廢氣標準，並且標準每四年更新一次。儘管這個規格相對於美國和日本的汽車廢氣排放標準來說，其測試要求已經比較寬泛，但歐洲標準已是開發中國家沿用的汽車廢氣排放體系，由此也能顯見一般傳統汽車造成的環境問題。

綜上兩點，傳統汽車儘管給我們帶來了方便，但無效率與傷害也隨著使用者的遽量增加，而給我們造成了強烈的問題，大家開始思考著，更新更環保也更有效率的作法，於是乎，電動車的概念由此興起。以下，本文將介紹電動車的過去、現在及未來，並說明其發展脈絡之流變。

1.1 │ 早期的電動車（1839～1935）

在 19 世紀 30 年代之前，運輸工具只是通過蒸汽動力，因爲電磁感應定律，因此，電動機和發電機，尚未被發現。法拉第早在 1820 年通過電動機的原理證明了一個攜帶電流和磁鐵的線材，但在 1831 年，他發現了電磁感應定律，這使得電動機和發電機的開發和演示，成爲電動運輸必不可少的。電動機動力始於 1827 年，當時匈牙利神父 ÁnyosJedlik 建造了第一台粗糙爛製但可行的電動機，配備了定子、轉子和換向器，並在用它爲一輛小型汽車提供動力的一年後。幾年後，在 1835 年，教授 Sibrandus Stratingh 在荷蘭格羅寧根大學建立了一個小規模的電動車，以及 1832 和 1839 年之間，羅伯特・安德森在蘇格蘭發明了第一個原油電動車，由不可充電的原電池供電。在同一時期，早期的實驗性電動汽車也在軌道上移動。美國鐵匠和發明家托馬斯達文波特於 1835 年建造了一個由原始電動機驅動的玩具電力機車。1838 年，一位名叫羅伯特戴維森的蘇格蘭人製造了一種速度達到每小時 4 英里（6 公里／小時）的電力機車。在英格蘭，1840 年授予了使用軌道作爲電流導體的專利，並且在 1847 年向 Lilley 和 Colten 頒發了類似的美國專利。1895 年，大發明家 Thomas Edison 托馬斯—愛迪生和他發明的電動車—Edison Baker，這是一輛用一塊電池驅動的四輪敞篷馬車式車輛，最高時速可達 20 英里／

小時（約等於 32 公里／小時）。愛迪生曾說：「電是一種「魔法」，它不需要連杆、曲軸和吱吱作響的齒輪，不會發出噪音，更沒有難聞的氣味。」

圖 1.2　Edison Baker

（源自 https://kknews.cc/zh-tw/car/ynb6kpg.html）

　　19 世紀 90 年代末和 20 世紀初，對機動車的興趣大大增加。電動汽車的出租車於 19 世紀末上市。在倫敦，Walter C. Bersey 設計了一隊這樣的出租車，並於 1897 年將它們引入倫敦街頭。由於他們製造的特殊嗡嗡聲，它們很快被暱稱爲「蜂鳥」。同年在紐約市，塞繆爾的電動馬車和旅行車公司開始運行 12 輛電動駕駛室。該公司運營至 1898 年，最多有 62 輛出租車運營，直到其金融家改組爲電動車公司。與 20 世紀初的競爭對手相比，電動汽車具有許多優勢。他們沒有與汽油車相關的振動、氣味和噪音。他們也不需要換檔。（雖然蒸汽動力汽車也沒有變速，但是在寒冷的早晨，它們的啓動時間長達 45 分鐘。）汽車也是首選，因爲他們不需要手動啓動，汽油車也是如此其中有一個手搖曲柄啓動發動機。

圖 1.3　蜂鳥

（源自 https://read01.com/AJ6O40.html#.XYHdLCgzaUk）

20 世紀初，第一批大規模生產的電動汽車出現在美國。1902 年，「史蒂倍克汽車公司」以電動汽車進入汽車業務，雖然它也在 1904 年進入汽油車市場。然而，隨著福特廉價裝配線車的出現，電動汽車倒在了路邊。由於當時蓄電池的隔限性，電動汽車並沒有獲得太大的普及，但電動火車由於其經濟性和可實現的快速速度，而獲得了極大的普及。到了 20 世紀，電動鐵路運輸變得司空見慣。隨著時間的推移，他們的通用商業用途減少到專業角色，如平台卡車、叉車、救護車、牽引車和城市運輸車輛，如標誌性的英國 Milk float；在 20 世紀的大部分時間裡，英國是世界上最大的電動公路車輛用戶。

電動汽車在使用它們作為城市汽車的富裕客戶中受到歡迎，其有限的範圍被證明更不利。由於操作簡便，電動車通常作為女性駕駛員的合適車輛上市銷售；實際上，早期的電動汽車被認為是「女性汽車」的恥辱感受到了侮辱，導致一些公司將散熱器固定在前面，以掩蓋汽車的推進系統。電動汽車的接受最初受到缺乏電力基礎設施的阻礙，但到了 1912 年，許多家庭都接通電力，使汽車普及率大增。在世紀之交的美國，40% 的汽車由蒸汽驅動，38% 由電力驅動，22% 由汽油提供動力。

圖 1.4　Milk float

在美國共登記了 33,842 輛電動汽車，美國成為電動汽車獲得最多認可的國家。大多數早期的電動汽車都是為上流社會客戶設計的大型華麗車廂，使其受歡迎。它們擁有豪華的內飾，並配有昂貴的材料。電動汽車的銷售在 20 世紀 10 年代初達到頂峰。為了克服電動汽車的有限運行範圍，以及缺乏充電基礎設施，早在 1896 年就首次提出了可更換的電池服務。這一概念最早由哈特福德電燈公司實施。通過 GeVeCo 電池服務，最初可用於電動卡車。車主在沒有電池的情況下，從 General Vehicle Company（GVC，通用電氣公司的子公司）購買車輛，並且通過可更換電池從 Hartford Electric 購買電力。業主支付每英里可變費用和每月服務費，以支付卡車的維護和儲存。車輛和電池都經過修改，以便快速更換電池。該服務於 1910 年至 1924 年間提供，在此期間覆蓋超過 600 萬英里。從 1917 年開始，在芝加哥為 Milburn Wagon 公司的車主提供類似的成功服務，他們也可以在沒有電池的情況下購買車輛。

可惜的是，電動汽車的黃金時代也就停在這時候了。探究其背後的原因，除了自身在降低製造成本和改善使用便利性方面，沒有明顯的進步，燃油汽車的幾波有力反擊，也讓電動汽車失去招架能力。1920 年代，隨著遍布全球的石油大發現，汽油的價格暴跌到大眾完全能輕易負擔得起的水平，加上基礎艦上的實施下，公路

圖 1.5 Detroit Electric

的快速發展、加油站如雨後春筍般湧現，使得人們嚮往長途的旅行，1911 年，第一屆全美道路會議標誌美國大規模科學築路開始，從此四通八達的公路將整個美國大通，開車旅行成為了現實，這讓內燃車可以跑得更快、更遠的優點吸引了大眾的注意。更進一步來說，美國凱特琳公司發明的火星塞、消音器更讓內燃車駕乘變得更為簡單舒適，缺點從而消失。電動車的全盛時期過去了，又過了十年，從 1935 年開始，全世界的電動車產業事實上已經完全消失了。

圖 1.6 美國高速公路大量開拓

1.2　能源危機下電動車的興起（1960～1979）

　　1959 年，美國汽車公司（AMC）和 Sonotone 公司宣布聯合研究，考慮生產一種由「自充電」電池供電的電動汽車。AMC 以經濟型汽車的創新而聞名，而 Sonotone 擁有製造燒結板鎳鎘電池的技術，該電池可以快速充電，並且比傳統的鉛酸版本重量更輕。同年，Nu-Way Industries 展示了一款帶有一體式塑料車身的實驗性電動車，該車將於 1960 年初開始生產。在 20 世紀 60 年代中期出現了一些電池概念車，如蘇格蘭航空公司（1965 年），和通用汽車的電動版汽車 Electrovair（1966年）。他們都沒有進入生產階段。1973 年 Enfield 8000 確實進入了小規模生產，最終生產了 112 個。1967 年，AMC 與 Gulton Industries 合作開發了一種基於鋰的新電池和由 Victor Wouk 設計的速度控制器。鎳鎘電池為 1969 年全電動 Rambler 美國旅行車供電。

圖 1.7　1973 年在西雅圖充電站

（源自 https://en.wikipedia.org/wiki/Electric_vehicle）

在 20 世紀 70 年代，大氣保護法的成立使得各國需要在限期內，控制空氣品質，遵守一定的標準。與此同時，1973 年歐佩克石油禁運使得汽油價格暴漲，也引發了人們尋找替換燃油汽車方法的熱情。1976 年，美國國會採取行動，通過了電動和混合動力汽車研發法案，該法案授權支持美國能源部對電動和混合動力汽車的研發。20 世紀 70 年代，兩家公司成為電動汽車生產的先驅，首屈一指的是「賽百靈一先鋒」（Sebring-Vanguard），當時量產了超過 2,000 台型號為 CitiCars 的電動汽車。

圖 1.8　1973 年的實驗性電動車 sundancers

這些小型的通勤車的最高時速可達 44 英里每小時，正常的時速 38 英里每小時，續航里程為 50 到 60 英里。在 2011 年特斯拉跑車超越它之前，Citicar 的電動車及它的其他版本是美國產量最高的電動汽車。另一家電動車公司 Elcar 也在此時崛起。Elcar 的第一批汽車之一 Elcar 的電動汽車的最高時速可達 45 英里每小時，60 英里的續航里程，價格在 4,000 到 4,500 美金之間。電動車現象並不僅僅發生在美國，全世界的汽車製造商都開始增加了在電動技術上投資，寶馬還在 1972 年的夏季奧運會上首次亮相了其第一款電動汽車。1972 年，寶馬開發的型號為 1602 E 的電動車在這一年的夏季奧運會展出。這款電動汽車裝配一台 42 馬力的電動機，

並有 12 個鉛酸蓄電池提供電力,最高時速可達 62 英里每小時,續航里程 37 英里。雖然奧運會的主辦單位有在慕尼黑奧運會上使用 1602E,但是它並沒有投產。實際上在 20 世紀 70 年代,還有很多電動車紛紛亮相,但大多沒有銷售。

圖 1.9　1974 年於 Sebring, Fla 生產的兩人型電動車

圖 1.10　1972 年,寶馬開發的型號為 1602 E 的電動車

1.3 │ 技術與環境改變下的沒落與興起（1980〜1999）

　　20 世紀 80 年代，因蓄電池的容量缺乏，使得可行駛的距離比較短程；而且行駛速度與一般的汽車相比也緩慢許多，因此，民眾漸漸偏好於選擇以內燃機爲動力的汽車。

　　20 世紀 90 年代初，加利福尼亞州空氣資源委員會（CARB）開始推動更加省油，排放更低的汽車，最終目標是向零排放車輛邁進，比如電動汽車。作爲回應，汽車製造商開發了電動車型，包括克萊斯勒 TEVan，福特 Ranger EV 皮卡，GM EV1 和 S10 EV 皮卡，本田 EV Plus 掀背車，日產鋰電池 Altra EV 迷你車和豐田 RAV4 EV。汽車製造商被指控迎合 CARB 的意願，以便繼續被允許在利潤豐厚的加利福尼亞市場上銷售汽車，同時未能充分推廣他們的電動汽車，以便給人們留下消費者對汽車不感興趣的印象一直加入石油行業說客，大力抗議 CARB 的任務。通用汽車的計畫受到特別審查，在一個不尋常的舉動中，消費者不被允許購買 EV1，而是被要求簽署封閉式租約，這意味著汽車必須在租賃期結束時返還給通用汽車，沒有選擇購買，儘管租賃有興趣繼續擁有汽車。克萊斯勒、豐田和一些通用汽車經銷商在聯邦法院起訴 CARB，最終導致 CARB 的 ZEV 授權無效。在電動車駕駛員團體因收回汽車而感到不安的公眾抗議之後，豐田在六個月內向公眾出售了最後的 328 輛 RAV4-EV，直到 2002 年 11 月 22 日，幾乎所有其他生產的電動汽車都退出了市場，並在某些情況下被視爲已被其製造商摧毀。豐田繼續支持數百輛豐田 RAV4-EV 手中的普通大眾和車隊使用，通用汽車著名地取消了爲工程學院和博物館捐贈的少量 EV1。

圖 1.11　在 CARB 公約下誕生的 EV

在整個 20 世紀 90 年代，對美國消費者的節油或環保汽車的興趣有所下降，而這些消費者更喜歡運動型多功能車，儘管由於汽油價格較低而燃油效率較低，但這些車的價格卻很低。美國國內汽車製造商選擇將其產品線集中在卡車車輛上，這些車輛的利潤率高於歐洲或日本等地首選的小型車。世界道路上的大多數電動汽車都是低速，低頻率的鄰近電動汽車（NEV）。Pike Research 估計，2011 年世界公路上將近 479,000 輛新能源汽車。截至 2006 年 7 月，美國使用的低速電池驅動車輛數量在 6 萬至 76,000 輛之間，而 2004 年約為 56,000 輛。北美最暢銷的新能源汽車是全球電動汽車（GEM）車輛，到 2014 年中期全球銷量超過 50,000 輛。2011 年全球最大的兩個新能源汽車市場是美國，售出 14,737 輛，和法國，2,231 個單位。

1.4 | 近代的電動汽車（2000～現今）

加州電動汽車製造商特斯拉汽車公司，於 2004 年開始開發特斯拉跑車，該汽車於 2008 年首次交付給客戶。Roadster 是第一輛使用鋰離子電池的高速公路合法生產的全電動汽車，首次生產全電動汽車，每次充電行駛超過 320 公里（200 英里）。自 2008 年以來，特斯拉在截至 2012 年 12 月的 30 多個國家銷售了大約 2,450 輛 Roadster。特斯拉賣掉了 Roadster 直到 2012 年初，當時蓮花 Elise 滑翔機的供應已經用完，與 Lotus Cars 的合同 2,500 輛滑翔機在 2011 年底到期。特斯拉於 2011 年 8 月停止在美國市場接收 Roadster 的訂單，而 2012 款特斯拉跑車僅在歐洲限量出售。下一個特斯拉車型 Model S 於 2012 年 6 月 22 日在美國上市，並於 2013 年 8 月 7 日向歐洲零售客戶首次交付 Model S.，中國的交付開始於 4 月 22 日，2014 年下一個模型是特斯拉模型 X。2014 年 11 月，特斯拉推遲向零售客戶交付產品的次數，並宣布該公司預計 X 型交付，將於 2015 年第三季度開始。

三菱的 i-MiEV 電動汽車於 2009 年在日本推出給車隊客戶，並於 2010 年 4 月提供給個人客戶，其次是 2010 年 5 月銷售給香港市民；澳大利亞在 2010 年 7 月通過租賃。i-MiEV 於 2010 年 12 月在歐洲上市，包括在歐洲以 Peugeot iOn 和 CitroënC-Zero 銷售的改裝版本。美洲的市場在 2011 年 2 月在哥斯達黎加開始，隨後於 2011 年 5 月在智利開始。美國和加拿大的車隊和零售客戶交付始於 2011 年

12 月。對於 iMiEV 品牌的所有車輛，三菱報告自 2009 年至 2012 年 12 月銷售或出口約 27,200 台，包括迷你車 MiEV 在日本銷售，並在歐洲市場以 Peugeot iOn 和 CitroënC-Zero 的形式重新銷售和銷售。包括日產和通用汽車在內的幾家大型汽車製造商的高級領導人表示：Roadster 是一種催化劑，表明消費者對更高效的汽車需求被壓抑。在 2009 年 8 月的「紐約客」版本中，通用汽車副董事長鮑勃‧魯茲被引述說：「通用汽車公司的所有天才都在說鋰離子技術還有 10 年之久，豐田也同意我們的意見——並且熱潮一致來自特斯拉。所以我說，『爲什麼一些小小的加利福尼亞創業公司，由那些對汽車業務一無所知的人經營，可以做到這一點，我們做不到？』那是幫助打破原木堵塞的撬棍。」

　　Leaf（英文原指 leading environmentally-friendly affordable family car，意即「領先、環保、經濟實惠的家庭轎車」）是日本日產汽車所研發及生產的緊湊型 5 門掀背式純電動汽車，於 2010 年 12 月起在日本和美國市場銷售，之後於 2011 年在歐洲各國和加拿大市場銷售，並於 2012 年在全球範圍內銷售。截至 2015 年 9 月，日產 Leaf 在全球 46 個國家和地區銷售，同時也是世界上最暢銷的純電動汽車，自 2010 年 12 月起，全球銷量超過 192,000 輛。根據美國環境保護署的官方測試，2011/12 款的日產 Leaf 續航里程爲 117 km（73 英里），較日產官方所宣稱的數字 160 km（100 英里）要少。根據新歐洲汽車運行工況（NEDC），該車的續航里程爲 175 km（109 英里）。2010 年 12 月 3 日，日產汽車在橫濱市總部宣布，日產 Leaf 於當日起在日本開始銷售。12 月 11 日，美國北加州消費者交付了全球第一台日產 Leaf；12 月 22 日，日本神奈川縣消費者交付了日產 Leaf，成爲日本首位 Leaf 車主。在 2010 年到 2012 年間，日產 Leaf 先後被愛爾蘭、英國、法國、葡萄牙、荷蘭、加拿大、西班牙、挪威、瑞士和德國消費者交付。中國大陸方面，2011 年 9 月，日產稱將於 2011 年 10 月起開始在中國大陸市場銷售日產 Leaf，售價擬定爲人民幣 20 萬元。起初，日產 Leaf 僅面向政府客戶銷售，且數量有限 [100]。在 2011 年 11 月，日產向武漢市人民政府交付了首批 15 輛日產 Leaf，第二批的 10 輛於 2012 年交付使用。同年 12 月 8 日，日產向廣州市人民政府贈送了 15 輛日產 Leaf、2 台快速充電器，另外廣州市政府已經以市區爲中心設置了 15 台普通充電器。目前，日產 Leaf 計程車在廣州市花都區行政範圍內運營，車身爲黃、紅

兩色。香港方面，日產在 2011 年 3 月引進 Leaf，計劃向政府、電力公司和其他私人公司出售 200 輛，2012 年已出售 89 輛。日產 Leaf 在各地的銷售價格不同，在日本的售價為 299 萬日元，在美國為 29,650 美元，在歐盟國家的售價為 31,460－43,625 歐元之間（以上為 2013 年款，且為補貼前的價格）。截至 2015 年 9 月，日產 Leaf 在全球共售出 192,000 輛，是世界上最暢銷的純電動汽車，目前已有 46 個國家和地區銷售日產 Leaf。

圖 1.12　三菱的 i-MiEV 電動汽車

圖 1.13　日產 Leaf（左）、特斯拉 Model S（右）

第 **2** 章

電動車的分類

　　電動車為家庭並不寬裕的人們帶來了經濟實用的交通工具，使用起來非常方便，而且在油價高居不下、能源日益短缺的情況下，電動自行車採用的是電能，又不會排出會汙染環境的廢氣。所以它們非常地環保，能節省能源。像現代的社會，電動自行車的發展空間是非常大的。因此得到政府和群眾的肯定；而方便、廉價這一點，讓老百姓們感到滿意。而這裡首先介紹 EV（電動車輛）與 ICEV（內燃機車輛）在能源主要的差別。

1. ICEV：液體汽油或柴油
2. EV：電動機、電池、燃料電池、電容器和／或飛輪

2.1　電動車的基本架構

　　在架構上，EV 的架構分三種：

1. 電力推進：電子控制器、電源轉換器、電動機、機械傳動和驅動輪。
2. 能源來源：能源、能源管理單位和能源加油單位。
3. 輔助：動力轉向裝置、溫度控制裝置和輔助電源。

以下為 EV 的總體架構圖：

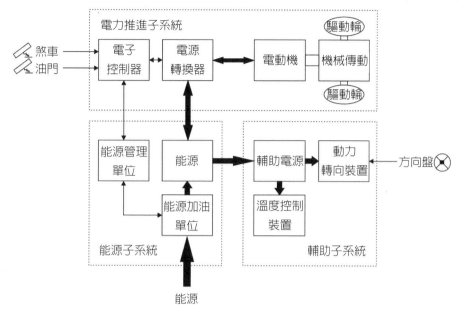

圖 2.1　EV 的總體架構圖

其中，箭頭意義如下：

機械連接：雙線。

電氣鏈接：粗線。

控制環節：細線。

箭頭：電氣方向、功率流或控制訊息溝通。

以下為典型的 EV 架構圖：

(1) 交流馬達 EV 架構圖

與總體架構圖不同的是，下列單元的採用：

電源轉換器：三相 PWM 逆變器。

電動機：三相異步電動機。

機械傳動：固定傳動裝置和差速器。

能源：鎳氫電池。

能量加油裝置：電池充電器。

溫度控制單元：冷卻器和 / 或加熱器。

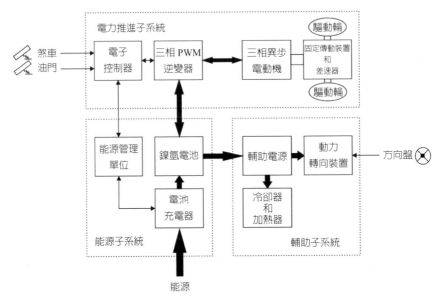

圖 2.2　交流馬達 EV 架構圖

(2) 直流馬達 EV 架構圖

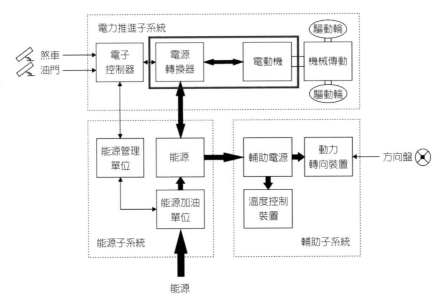

圖 2.3　直流馬達 EV 架構圖

　　直流馬達與總體架構圖不同的是，紅色方框內單元的採用，如下圖所示：

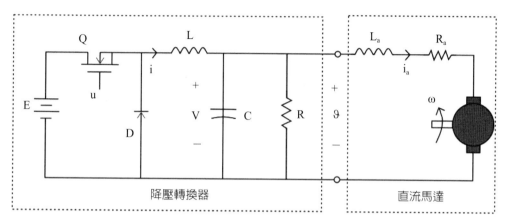

圖 2.4　直流馬達

2.1.1　電力推進

　　由於電力推進和能源的變化，有許多可能的 EV 配置。關注電力推進的這些變化，有六種典型的替代方案，如下頁圖所示。

　　1. 該種替代形式包含：電動機、離合器、變速箱和差速器。其中離合器是用於傳遞馬達與輪胎的動力，變速箱主要是齒輪組組成，用來給予不同的速比。

　　2. 用固定傳動裝置更換變速箱，從而拆下離合器。這樣不僅可以減少車體重量，也能減少傳動系統所占用的空間。

　　3. 兩個軸都指向兩個驅動輪。事實上，這張照片最常被現代電動車採用。

　　4. 轉彎時 EV 的差動作用，可由兩台以不同速度運轉的電動馬達提供。換句話說，這是雙馬達分別安裝於兩邊驅動輪胎的系統。

　　5. 為了進一步縮短從電動機到驅動輪的機械傳動路徑，可以將電動機放置在車輪內，這種安排稱為輪內驅動。

　　6. 安裝低速外轉子電動機，並移除任何機械傳動裝置，也就是不需要齒輪系統。

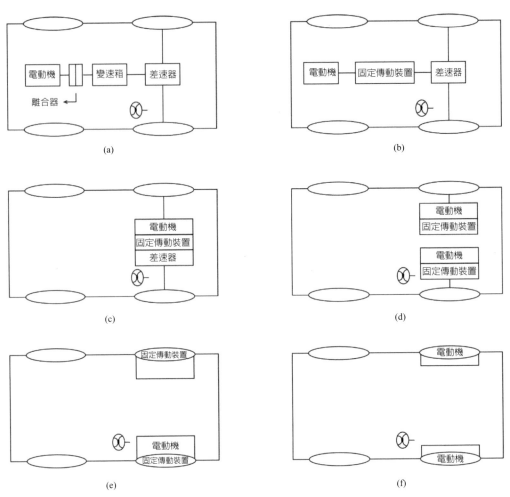

圖 2.5　電力推進變化六種典型替代方案

2.1.2　能源來源

　　根據電力推進的變化，從能源的變化著手，還有六種典型的 EV 替代方案。

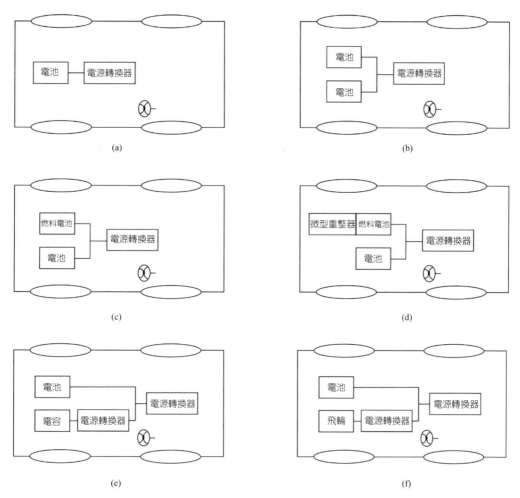

圖 2.6　電力推進的變化六種典型 EV 替代方案

1. 基本電池供電配置，幾乎全部由現有電動車採用。

2. 不是使用協調性的電池設計，而是在 EV 中同時使用兩個不同的電池。因而能夠在能源及動力之間的協調，得到最佳化。

3. 與作為能量儲存裝置的電池不同，燃料電池是能量產生裝置。燃料電池能夠產生比一般電池更高的能量，但無法回收能源。

4. 在 EV 中安裝微型重整器，生產燃料電池所需的氫氣。

5. 電容器可以產生高功率，因此在直流轉換器的電路中，會用到電容。

6. 與電容器類似，飛輪是另一種新興的能量儲存裝置，它可以提供高比功率和高能量接收性。

2.2 傳動與驅動裝置

2.2.1 固定和可變傳動裝置

固定傳動裝置意味著在推進裝置與驅動輪之間存在固定的傳動比。相比之下，可變傳動裝置涉及在不同傳動比之間切換，這可以透過使用離合器和變速箱的組合來實現。對於 ICEV，除了使用可變齒輪傳動之外，別無選擇。固定齒輪傳動，通常基於行星齒輪傳動。圖 2.7 是傳統汽車的力—速度特性圖；圖 2.8 則是示出了具有固定齒輪裝置的 EV 的典型的力—速度特性。

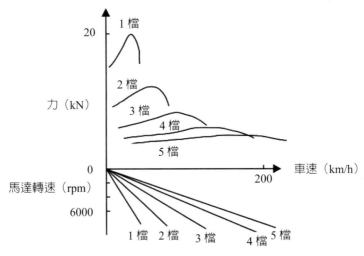

圖 2.7 傳統汽車的力—速度特性圖

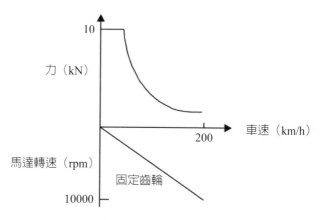

圖 2.8　具有固定齒輪 EV 的力—速度特性

2.2.2　單馬達和多馬達驅動器

　　當車輛繞彎曲的道路行駛時，外輪需要在比內輪更大的半徑上行駛。因此，差速器調節車輪的相對速度。圖 2.9 顯示了一個典型的差速器，其中小齒輪蜘蛛齒輪可以在其軸上旋轉，允許軸側齒輪以不同的速度轉動。圖 2.10 顯示了帶有電子差速器的典型雙馬達驅動器。

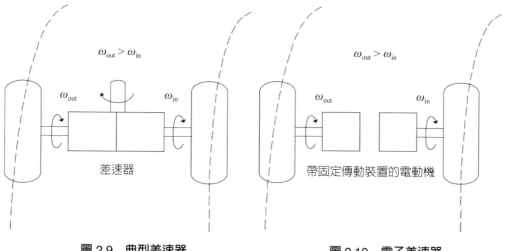

圖 2.9　典型差速器　　　　　　圖 2.10　電子差速器

2.2.3　輪轂驅動

　　透過將電動機放置在車輪內，輪內電動機具有明確的優點，即電動機和車輪之間的機械傳動路徑可以最小化或甚至消除。圖 2.11 是兩個輪轂驅動的裝置，兩者都是使用永磁無刷馬達。而之所以會使用該馬達，主要是因為它的功率密度很高。高速內轉子馬達 (a) 具有體積更小，重量更輕，成本更低的優點，但需要額外的行星齒輪組。另一方面，低速外轉子馬達 (b) 具有構造簡單的優勢，並且不需要齒輪。但由於低速設計，馬達受到尺寸、重量和成本增加的影響。以下這兩種輪轂驅動的馬達，皆被應用於現代 EV 的設計。

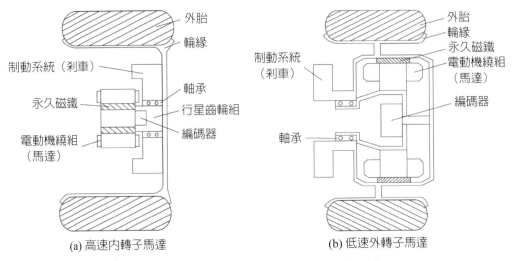

(a) 高速內轉子馬達　　　　　　　　(b) 低速外轉子馬達

圖 2.11　輪轂驅動（由 Hiroshi Shimizu 提供）

第 3 章

混合動力汽車（HEV）

　　混合動力電動車輛（HEV）是其中至少一個能量源，儲存器或者能量源的車輛轉換器可以提供電能。混合動力公路車輛是推進能量的車輛，在指定的運行任務期間，可以從兩種或更多種類型的能量儲存、能量源或轉換器中獲得。其中至少有一個儲存器或轉換器必須在板上。第二個定義混合動力公路車輛由電動公路車輛技術委員會 69 提出國際電工委員會。

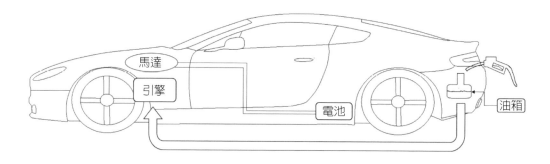

　　HEV 必須在環境汙染問題和有限範圍之間做好協調。HEV 有電動機和內燃機（ICE）提供擴展範圍和「彎曲」汙染問題。

　　由於控制和支持，混合動力車輛的車輛設計複雜性顯著增加，除了所需的部件之外，熱機和電機還需要系統用於來自兩個源的受控混合功率。混合動力車被許多人視為短期解決方案，直到純電動汽車的範圍限制和基礎設施問題解決了。儘管如此，許多汽車製造商正在推廣混合動力汽車一般人口，其他許多人也紛紛效仿。

　　本文章重點介紹如何使讀者熟悉 HEV 的基本動力傳動系統。基礎的在討論設計問題之前，討論了一些熱機或 ICE 的熱力學與 HEVs。

3.1　混合種類

3.1.1　串聯和並聯混合動力車

1. 串聯和並聯的介紹

　　HEV 由兩種基本配置演變而來：串聯和並聯。串聯混合動力車只是其中之一，一個能量轉換器可以提供推進動力。熱力發動機或 ICE 充當了原動力這種配置用

於驅動向電池或能量儲存鏈路供電的發電機和推進電動機。串聯 HEV 的組件布置，如圖 3.1 所示。

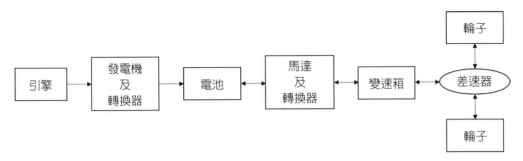

圖 3.1　串聯型 HEV 動力傳動系統

並聯混合動力是一種以上的能量源，可以提供推進動力的混合動力。該熱力發動機和電動機並聯配置，機械聯軸器將其混合扭矩來自兩個來源。並聯混合動力的部件布置，如圖所示（圖 3.2）。

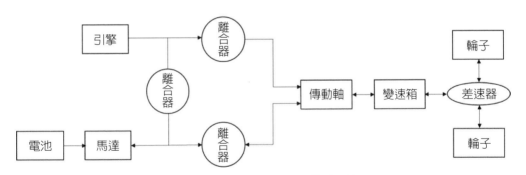

圖 3.2　並聯型 HEV 動力傳動系統

HEV 系列是更簡單的類型，只有電動機提供所有推進動力。一個小型熱力發動機驅動發電機，補充電池並可以充電，當他們低於某個充電狀態時。移動車輛所需的動力僅由電動機提供。超過熱力發動機和發電機，推進系統與 EV 相同，製造電動機功率要求與 EV 相同。在並聯 HEV 中，熱力發動機和電動機通過連接到驅動軸單獨的離合器。並聯式混合動力電動機的功率要求低於 EV 或系列混合動力

車，因爲熱力發動機補充了總動力需求車輛。推進動力可以由熱力發動機，電池—電動機組或由電動機組提供兩個系統的組合。

串聯和並聯混合動力車有多種類型，車輛的使命和最佳該任務的設計決定了這一選擇。如果 HEV 基本上是具有 ICE 輔助的 EV 達到可接受的範圍，然後選擇應該是一系列混合，與 ICE 確保電池始終保持充電狀態。另一方面，如果 HEV 基本上是一輛車，幾乎所有 ICEV 的性能特點和舒適性，但具有較低的排放和燃料使用標準，那麼選擇應該是並行配置。並聯混合動力汽車已經建成在正常操作的所有方面，與傳統汽車相同的性能。然而，一些系列 HEV 也已經建成，其性能幾乎與 ICEV 一樣好。

2. 串聯與並聯的優點和缺點

串聯和並聯混合動力車的優點和缺點，總結如下。

(1) **串聯混合動力車的優點是：**

a. 發動機—發電機組定位的靈活性。

b. 動力傳動系統的簡單性。

c. 適合短途旅行。

(2) **串聯混合動力車的缺點是：**

a. 它需要三個推進部件：內燃引擎、發電機和電動機。

b. 電動機的設計必須滿足車輛可能需要的最大持續功率，就像爬高檔時一樣。然而，車輛的運行低於最大功率時間。

c. 所有三個動力傳動系統組件都需要調整大小，以獲得最大功率，以實現長距離且持續的高速駕駛。這是必需的，因爲電池會很快耗盡，留下內燃引擎通過發電機提供所有電力。

(3) **並聯混合動力車的優點是：**

a. 它只需要兩個推進部件：ICE 和電動機／發電機。並聯 HEV，電機可以用作發電機，反之亦然。

b. 可以使用較小的發動機和較小的電動機來獲得相同的性能，直到電池耗盡爲止。對於短途旅行任務，兩者都可以被評定爲提供總數的最大功率的一半電源，假設電池永不耗盡。對於長途旅行，引擎可能是額定最大

　　功率，而電動機／發電機仍可額定爲最大功率的一半功率，甚至更小。

(4) 並聯混合動力車的缺點是：

　　a. 控制複雜性顯著增加，因爲必須調節功率流從兩個平行來源混合而成。

　　b. 來自 ICE 和電動機的功率混合，需要複雜的機械裝置。

3.1.2　串聯並聯並行使用

　　儘管混合動力汽車最初是以串聯或並聯方式發展的，但製造商後來才意識到，其優勢實用道路車輛的系列和並聯配置的組合。在這些組合中混合動力車，熱力發動機也用於給電池充電。最近推出的豐田普銳斯是一款這種混合動力的一個例子，其中一個小的系列元素被添加到主要平行的 HEV。該小型串聯元件確保電池在較長的等待時間內保持充電狀態，例如交通燈或交通堵塞。這些組合可以在平行下分類混合動力車，因爲它們保留了部件布置的平行結構。事實上，HEV 的詳細配置取決於應用和之間的權衡成本和性能。串聯並聯組合混合器的元件布置，如圖 3.3 所示。

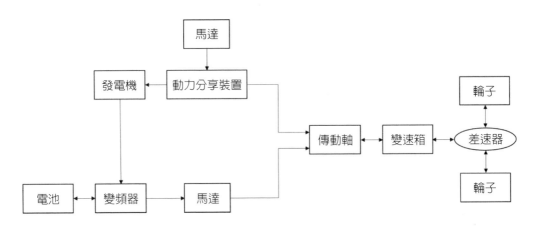

圖 3.3　串並聯 HEV 動力傳動系統

　　該原理圖基於豐田普銳斯混合動力設計。功率分配設備從功率分配功率 ICE 通過驅動軸和發電機前輪，取決於駕駛條件。通過發電機的電力用於給電池充電。

電動機也可以與 ICE 平行地為前輪提供動力。逆變器是雙向的，並且習慣了從發電機給電池充電或調節電動機的電源。短暫的爆發速度，功率從 ICE 和電動機傳遞到驅動軸。中央控制單元使用來自各種傳感器的多個反饋信號調節系統的功率流。

在最大化效率時，應盡量減少使用 ICE 為電池充電。能量是在電池充電和放電期間，以及在通過逆變器的電流期間總是丟失。車輛應在其發動機、電池或兩者下運行，直到電池電量最小可接受的充電狀態，比如 20% 到 40%。電池應該從電網充電方便。

3.2　內燃引擎

將熱傳遞轉換為循環工作的裝置稱為熱力發動機。每個週期中熱機由幾個不同的過程或衝程組成（如恆定體積、常數壓力和等熵過程），將熱能轉化為有用的工作。不同類型的循環可用於設計實用的熱機。由於實際循環已經發展理想熱力學循環（例如卡諾循環）的隔限性加熱和剔除溫度，以及由於特性的差異可用於能源，工作流體和硬件材料的選擇。必須提到雖然下面描述的熱力發動機經歷了機械循環，但仍在工作流體不會執行熱力循環，因為物質是用一種組合物，在循環前後成分會改變。

EV 和 HEV 應用所關注的熱力發動機，主要是 ICE 和燃氣輪機，將會在本節中討論。ICE 是一種利用燃料作為工作流體的熱力發動機。ICE 使用從發動機內的燃料燃燒中獲得能量的熱循環。ICE 可以往復運動類型，其中活塞的往復運動通過曲柄機構轉換成旋轉運動。使用的 ICE 在汽車、卡車和公共汽車中是往復式的，其中過程發生在 a 往復式活塞—氣缸裝置。發電廠使用的燃氣輪機也是 ICE，其中這些過程發生在互連的一系列不同組件中。布雷頓循環燃氣輪機發動機已經適應了汽車推進發動機，並具有燃燒燃料的優點需要很少的精煉和燃料完全燃燒。燃氣輪機的運動部件較少，因為不需要轉換渦輪機的旋轉運動。燃氣輪機的缺點是結構複雜，效率低。然而，燃氣輪機正在考慮用於混合動力汽車，和原型車已經開發出來。

　　熱力發動機的性能通過熱機循環的效率來測量，定義爲每個循環 Wnet 的淨工作輸出與每個循環到發動機的熱傳遞的比率。其他方式定義熱機性能的方法是使用平均有效壓力 Pme。Pme 是理論上恆定的表壓，即如果在膨脹衝程期間，施加在活塞上的最大的比容和最小的體積，將產生與實際熱機生產相同的淨工作量。數學公式：

$$P_{me} = \frac{W_{net}}{displacement\ volume}$$

　　熱機循環性能分析是根據某些可用的信息進行的循環中方便的狀態點。狀態點所需的參數是壓力、溫度、體積和熵。如果在兩個狀態點知道兩個參數，則未知參數爲通常從工作流體在兩個狀態點之間經歷的過程中獲得（例如作爲恆定壓力，等熵等）和熱力學定律。關於法律的討論熱機循環的熱力學和效率分析超出了本書的範圍。只有一個將給出感興趣的熱機循環的一般介紹。

　　在繼續討論 ICE 之前，有關熵的幾點說明。熵是一個爲物質的每個平衡狀態指定的屬性。像能量一樣，熵是一種抽象在熱力學分析中廣泛使用的概念。熵代表分子或系統的不確定性。因爲熵是一個屬性，熵從一個狀態變化對於所有進程，另一個是相同的。特定熵的 SI 單位是 J/K.，在下一節中首先考慮往復式發動機，然後進行討論在燃氣輪機上。

3.2.1　往復式引擎

　　兩種類型的往復式 ICE 是火花點火發動機（SI）和壓縮點火（CI）引擎。這兩種發動機通常被稱爲汽油／汽油發動機和柴油發動機，關於用於燃燒的燃料類型。兩個引擎的區別在於啓動方法燃燒和循環過程。在 SI 發動機中，吸入空氣和燃料的混合物，以及火花塞點燃指控。發動機的進氣稱爲充氣。在 CI 引擎中，於燃燒開始時，空氣被吸入和壓縮到如此高的壓力和溫度，之後注入燃料。SI 發動機相對較輕且成本較低，並且用於較低功率發動機，如在傳統汽車中。CI 引擎更適合於電源轉換更高的功率範圍，例如卡車、公共汽車、機車、船舶和輔助動力裝置。其燃油經濟性優於 SI 發動機，證明其在高功率應用中的應用。

代表性往復式 ICE 的草圖，包括此類發動機的特殊條款標準，如圖 3.4 所示。

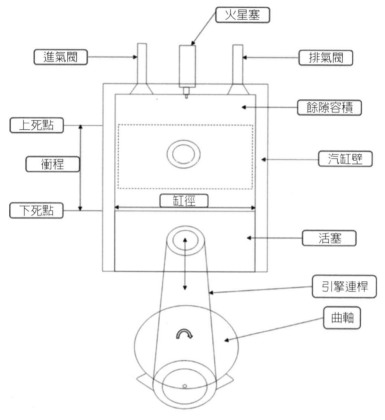

火星塞

進氣閥

排氣閥

餘隙容積

上死點

衝程

汽缸壁

下死點

缸徑

活塞

引擎連桿

曲軸

圖 3.4 往復式活塞引擎

發動機由一個在其內部進行往復運動的活塞組成發動機氣缸。活塞位於氣缸底部的位置最大值被稱為下死點（BDC）。活塞位於頂部的位置內部容積最小時的氣缸稱為上死點（TDC）。這缸當活塞處於 TDC 時的最小體積稱為間隙體積。曲柄機構將活塞的線性運動轉換為旋轉運動，並將動力傳遞給曲軸。該當活塞從 TDC 移動到 BDC 時，活塞掃過的體積稱為位移體積，這是一個常用於指定引擎大小的參數。壓縮比是定義為 BDC 的體積與 TDC 的體積之比。

圓筒的直徑稱為孔。汽車 SI 發動機中的孔通常是在 70 到 100 毫米之間。鑽孔

太小，沒有留下閥門的空間，同時鑽孔非常大意味著更多質量和更長的火焰傳播時間。較小的孔可以提高發動機的轉速。該活塞從 BDC 到 TDC 的垂直距離稱為行程，中風是通常在 70 到 100 毫米之間，行程太短意味著沒有足夠的扭矩，長度行程受活塞速度的限制。氣缸的最小排量可以是 250 毫升，而最大可達 1,000 毫升。可接受的孔徑和行程長度導致多個氣缸引擎，多個氣缸可以布置成直列，平坦或 V 形配置，這取決於關於氣缸數量。典型的安排見下表。

表 3.1　汽缸排列與數目對照表

汽缸數	汽缸排列
3	直排
4	直排或水平
5	直排
6	直排或水平或 V 型（60 度，90 度）
8	V 型 90 度
10	V 型 90 度
12	V 型或水平

對於一個在旋轉平衡時，多個氣缸的動力衝程是等間隔的。引擎具有良好初級平衡的布置是直列 4 缸和 6 缸，90°V 8 缸和平板 4 和 6 個氣缸。初級平衡差的布置是 90°V 6 氣缸和 Inline 3 缸。在初級平衡差的裝置中，使用反向旋轉平衡軸取消振動。

氣缸中的閥門裝置稱為氣門機構。氣門機構可以在頭頂上閥門（OHV）、單頂置凸輪閥（SOHC）或雙頂置凸輪閥（DOHC）。OHV 有凸輪、推桿、搖桿和閥門；SOHC 有凸輪、搖臂和閥門；而 DOHC 有凸輪、搖臂、閥門、凸輪和閥門。氣缸中可以有 2, 3, 4 或 5 個閥門。閥門數量選擇取決於流量和複雜性之間的權衡。

3.2.2　內燃引擎動力循環

我們緊接著來介紹三種動力循環：

1. 實際空氣標準循環

　　汽車 ICE 通常是四衝程發動機，其中活塞執行四行程曲軸，每兩轉一圈的氣缸。四行程是進氣、壓縮、動力、排氣。壓力中示出了四個衝程內的操作，圖 3.5 的體積圖。

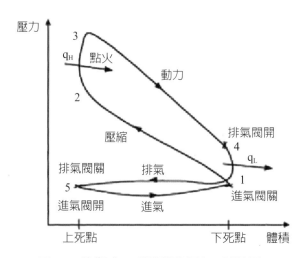

圖 3.5　往復式 IC 發動機的壓力─體積圖

　　圖中的數字 1 到 5 表示不同的狀態循環過程之間的點。進氣是將電荷吸入氣缸的過程進氣閥打開。工作流體在壓縮階段與活塞一起被壓縮，從 BDC 前往 TDC。在壓縮階段通過活塞完成工作。下一個階段，在壓縮流體的點火過程中加入熱量，同時進行相應的點火過程 SI 和 CI 引擎。下一階段是擴張過程，也稱為動力衝程。在這中風，工作是由收費完成的。排氣過程從 BDC 開始，打開排氣閥。在排氣過程中，熱量從發動機排出。

　　由於與摩擦相關的不可逆性，實際循環需要顯著的複雜性，壓力和溫度梯度，氣體和氣缸壁之間的熱傳遞，以及工作需要壓縮燃料並排出燃燒產物。過程的複雜性通常要求進行計算機模擬，以進行性能分析。但是，重要的見解可能是透過簡化關於流程行為的假設，來獲得流程彌補週期。理想化的工藝可以替代其中的燃燒和膨脹過程圓筒。這些理想化的循環稱為空氣標準循環。空氣標準分析假定工作

流體是理想的氣體，過程是可逆的，燃燒和排出過程被外部源的熱傳遞所取代。兩個空氣瓶的簡要說明循環，奧托循環和柴油循環如下。

2. 空氣標準奧托循環

　　奧托循環是 SI 發動機中，使用的實際循環的理想空氣標準版本。空氣標準奧托循環假設在恆定體積下，瞬間發生加熱活塞在 TDC。該循環在圖 3.6 中的 p-v（壓力－體積）圖上說明。

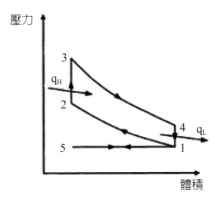

圖 3.6　空氣標準奧托循環的壓力－體積圖

　　該進氣沖程從 TDC 處的進氣門開口開始，以將新鮮的氣體吸入氣缸。進氣閥在 1 到 5 之間打開，以獲取新鮮的燃料，這是燃料和空氣的混合物。該隨著活塞向下移動，以增加進入氣缸的電荷，氣缸的容積增加。該行程以活塞到達 BDC 結束，當進氣閥在該位置關閉時。BDC 的這個狀態點標記為 1. 在下一個在 1 和 2 之間的過程中，通過活塞對電荷進行加工，以壓縮電荷增加其溫度和壓力。這是壓縮循環，當活塞向上移動時，兩個閥門關閉。當活塞移動時，過程 1 至 2 是等熵（恆定熵）壓縮從 BDC 到 TDC。在 SI 發動機中，燃燒在壓縮衝程結束時開始，當高壓高溫流體被火花塞點燃時。因此壓力上升恆定體積到狀態點 3. 過程 2 到 3 是傳熱時的快速燃燒過程，從外部源到空氣的恆定體積。下一個衝程是膨脹或動力當氣體混合物膨脹時，行程通過活塞上的電荷完成，迫使其返回到 BDC。過程 3 至 4 表示在活塞上進行工作時的等熵膨脹。該最終行程是排氣沖程，從排氣閥打開到

4 附近，開始過程 4 至 1，熱量被排出，而活塞處於 BDC。過程 1 至 5 表示排氣燃燒的燃料，基本上處於恆定壓力下。在 5 處，排氣閥關閉，進氣閥打開；現在，汽缸已準備好以新的電量進行重複循環。

SI 發動機可以是四衝程或二衝程發動機。二衝程發動機在二衝程奧托上運行循環，其中進氣、壓縮、膨脹和排氣操作在一個完成曲軸的旋轉。二衝程循環用於較小的發動機，例如用於發動機摩托車。

大多數 SI 發動機或更常見的汽油發動機都在改進的奧托循環上運行。該這些發動機中使用的空燃比在 10/1 到 13/1 之間。壓縮比在 9 的範圍內，大多數生產車輛為 12。發動機的壓縮比受到辛烷值的限制燃料，如果燃料的辛烷值太低，則高壓縮比可能導致自燃壓縮過程中的空氣一燃料混合物，這在 SI 發動機中是完全不希望的。SI 發動機最初是通過限制，允許進入發動機的空氣量來開發的化油器。化油器是放置在進氣口上的節流閥。但是，燃油噴射，用於柴油發動機的現在，通常用於具有 SI 的汽油發動機。

噴射系統用於計算在任何時刻到達發動機的空氣的質量流量，將正確量的汽油與其混合，使得空氣和燃料混合物適合於發動機運行狀況。近年來，要求符合嚴格的廢氣排放法規，增加了對燃油噴射系統的需求。

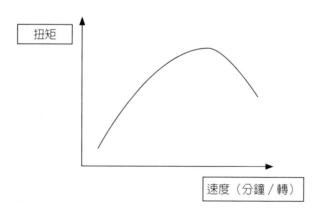

圖 3.7　汽油發動機的扭矩―速度特性圖

SI 或汽油發動機的扭矩―速度特性，如圖 3.7 所示。發動機有一個窄的高扭矩

範圍，這也需要足夠高的發動機轉速。狹窄的高扭矩區域負擔 SI 發動機的傳動齒輪要求。

　　SI 發動機廣泛用於汽車，並且持續發展導致發動機輕鬆滿足當前的排放和燃油經濟性標準。目前，SI 發動機成本最低發動機，但問題是，是否有可能滿足未來的排放和燃料經濟標準，成本合理。SI 引擎還有一些其他缺點，包括用於限制進氣口的節流板。由於 SI 發動機的部分油門操作較差，節流不可逆性，這是柴油發動機中不存在的問題。一般來說，節流過程導致 SI 引擎的效率降低，透過軸承摩擦和損耗的損失滑動摩擦，進一步降低了發動機的效率。

3. 空氣標準笛塞爾循環

　　柴油發動機的實際循環基於柴油機循環。空氣標準柴油機循環，假設加熱是在恆定壓力下進行的，而排熱是在恆定壓力下進行的體積。循環顯示在圖3.8中的p-v（壓力一體積）圖上。

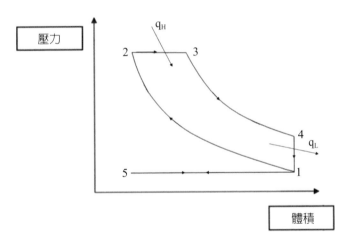

圖3.8　標準空氣下柴油機循環的壓力一體積圖

　　循環開始於 5 到 1 之間進入氣缸的新鮮空氣。進氣閥在 5 和 1 之間打開。下一個過程，1 到 2，與奧托循環相同，當等活動（恆定熵）壓縮發生時，活塞從 BDC 移動到 TDC。在足夠高的壓縮比下，空氣的溫度和壓力達到這樣的程度，由於在壓縮結束附近注入燃料，燃燒自發開始的水平行程。在燃燒過程中，熱量在恆定壓

力下，傳遞給工作流體過程 2 至 3，它也構成了膨脹或動力衝程的第一部分。等熵流程 3 到 4 的擴展，彌補了剩餘的動力衝程。排氣閥在狀態點 4 處打開，允許排氣閥在過程 4 到 1 期間，在恆定體積下壓力下降。在此過程中，熱量被排出活塞在 BDC。燃燒的燃料的排出，基本上在過程 1 至 5 期間發生恆壓。然後排氣閥關閉，進氣閥打開，氣缸準備就緒在新鮮空氣中吸取重複循環。

CI 發動機的標稱壓縮比範圍為 13/1 至 17/1，並且使用的空燃比介於 20/1 和 25/1 之間。在燃燒過程中產生的功能有助於提高壓縮比與汽油發動機相比，柴油發動機的效率更高。柴油發動機的效率可高達 40%。柴油發動機的比功率低於汽油發動機。柴油機發動機也有很寬的扭矩範圍，如圖 3.9 所示。

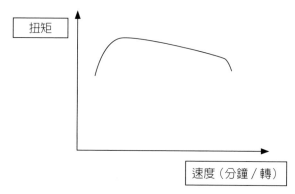

圖 3.9　柴油引擎的扭矩—速度關係圖

柴油發動機的主要缺點，包括需要更堅固和更重的部件，這增加了發動機的質量和噴射速度限制以及火焰傳播時間。柴油發動機的改進，旨在減少廢氣中的氮氧化物和減少發動機的噪音、振動和氣味。最近開發的汽車柴油發動機解決上述問題，使其成為 HEV 應用的理想候選者。

第 **4** 章

直流馬達

4.1　馬達的基本構成

　　直流馬達的基本構成，如下圖所示，由磁場與電樞所組成。轉子與定子為機械上的關係，所謂的轉子是指轉動部分（電樞），而定子則為相對靜止側（永久磁鐵）。通常磁場也稱為激磁，目的為要得到轉矩而必須供給的磁通量。電樞由一組線圈所組成，線圈的導體配置於圓筒狀鐵心的周邊，或埋入槽中。電樞導線所流的電流與磁場磁通的互相作用產生轉矩，而使電樞轉動。

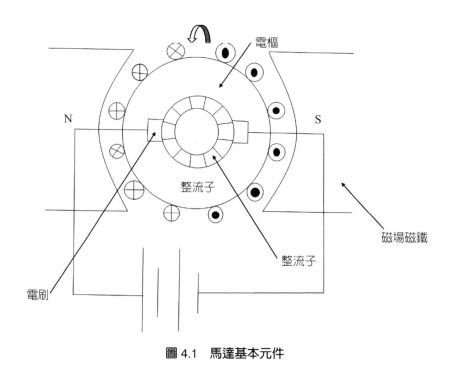

圖 4.1　馬達基本元件

4.2　馬達的基本原理

4.2.1　佛萊明左手定則（Fleming's left-hand rule）

　　佛萊明左手定則又稱電動機定則，是用來說明電流、磁能及力量間的作用方

向，三者之間互相呈現 90 度的正交角；左手大拇指的方向代表導體受力（運動）
方向，食指表示磁場由 N 至 S 的方向，中指表示電流的方向。

4.2.2　羅倫茲力

帶電粒子在磁場中運動會感受到的磁場力，稱為羅倫茲力，其力的大小與磁
場、粒子的帶電量，及垂直於磁場的速度成正比。羅倫茲力表示如下

$$\vec{F} = q\vec{v} \times \vec{B} \qquad (4\text{-}1)$$

其中，$\vec{F}$ 是羅倫茲力，q 是帶電粒子的電荷量，$\vec{v}$ 是帶電粒子的速度，$\vec{B}$ 是磁場感
應強度。

由向量的基本概念來看，要完整的描述一個力量的作用，需要有力量大小以及
方向資訊，才能有明確的作用力。

因此，佛萊明左手定則補足了羅倫茲力所欠缺的一環。即是，佛萊明左手定則
可以表示羅倫茲力的方向。

由羅倫茲力

$$\vec{F} = q\vec{v} \times \vec{B}$$

$\vec{v} = \dfrac{\vec{L}}{t}$ 帶入上式

$$\vec{F} = q\,\dfrac{\vec{L}}{t} \times \vec{B}$$

$I = \dfrac{q}{t}$ 帶入上式

$$\vec{F} = I\vec{L} \times \vec{B} \qquad (4\text{-}2)$$

F：導體所受的作用力（牛頓）

B：磁通密度（韋伯）

I：流過導體的電流（安培）

L：導體在磁場的有效長度（公尺）

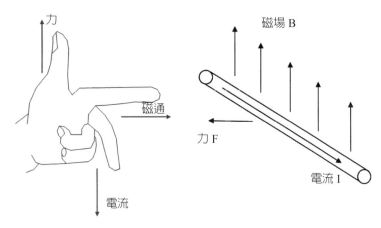

圖 4.2　弗萊明左手定則

4.3　直流馬達如何轉動？

　　下圖為一個簡單的直流電動機。當線圈通電後，轉子周圍產生磁場，轉子的左側受力向上，被推離左側的磁鐵，並被吸引到右側，從而產生轉動。轉子依靠慣性繼續轉動。當轉子運行至垂直位置時，電流變換器將線圈的電流方向逆轉，線圈所產生的磁場亦同時逆轉，使這一過程得以重複。

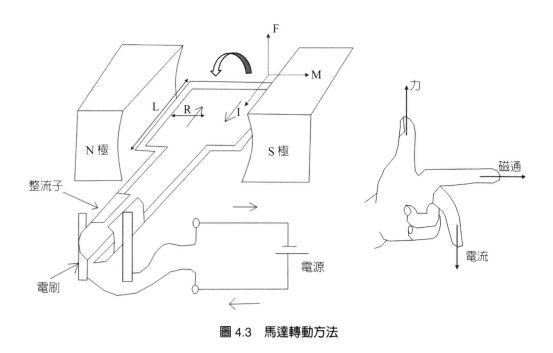

圖 4.3　馬達轉動方法

　　下圖為一個完整的直流馬達線路圖，電流由電池正極出發，經過電刷與整流子後，沿著導線流入電樞線圈中，電樞線圈的導線通入電流在磁場中受磁場作用，產生一個作用力作用在電樞線圈上。同理，出來電樞線圈的電流，流經導線亦產生一個相反但大小相同的作用力，此兩作用力使馬達的轉子轉動。

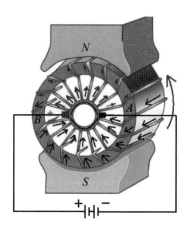

圖 4.4　馬達的運轉示意圖

4.4　直流馬達的數學模型

4.4.1　直流馬達的等效電路模型

圖 4.5 所示，為直流馬達的等效電路模型：

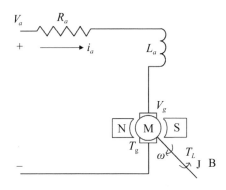

圖 4-5　馬達等效電路圖

表 4.1　相關參數與符號說明

V_a	電樞電壓（V）
i_a	電樞電流（A）
R_a	電樞電阻
L_a	電樞電阻
V_g	旋轉反電動勢（V）
ω	馬達轉軸腳速度（rad/sec）
T_g	馬達產生之扭矩（N·m）
T_L	負載扭矩（N·m）
J	慣量（g·I²）
B	旋轉摩擦係數（N·m/(rad/sec)）

其電壓方程式可由克希荷夫電流定律（Kirchhoff Circuit Laws）求得

$$V_a(t) = i_a(t) \cdot R_a + L_a \frac{di_a(t)}{d_t} + V_g(t) \qquad （4\text{-}2）$$

其中 V_g 是電樞線圈內的電流在磁場內所造成，因旋轉切割磁力線而感應出的反電動勢，由法拉第定律可知，切割一個線圈磁通量的變化會產生一個感應電動勢 $V_g(t)$，以下用兩種方式推導：

1. 法拉第電磁感應定律

$$E = \frac{d\lambda(t)}{dt} = -\frac{d(BA\cos\theta)}{dt} = BA\sin\theta \frac{d\theta}{dt} \qquad （4\text{-}3）$$

2. 勞侖茲法

想像一根導線在磁場中做等速圓周運動，那麼一個線圈在磁場中做等速圓周運動，可視為兩根導線在磁場中做等速圓周運動。

$$\vec{E} = 2\vec{V} \times \vec{B} = 2VB\sin\theta \qquad （4\text{-}4）$$

$$E = -\int_a^b \vec{E} \cdot dl = -\int_a^b 2VB\sin\theta dl = 2BVL\sin\theta$$

$V = R\dfrac{d\theta}{dt}$ 帶入上式，可得

$$E = 2BRL\sin\theta \frac{d\theta}{dt} = BA\sin\theta \frac{d\theta}{dt} \qquad （4\text{-}5）$$

且 $RL = A/2$ 為半個線圈包圍之面積，將每一條線段加總可得（4-6）式。

其中 $BA\sin\theta$ 為磁場強度（ϕ），在旋轉的轉子電樞線圈，每一個線圈皆會因為轉子轉動切割磁力線而造成感應電動勢，將每一線圈加總，此反抗電動勢 $V_g(t)$ 與轉速（ω）、線圈數（K）、磁場強度（ϕ）皆成正比，可表示為

$$V_g(t) = k\phi(t)\omega(t) \qquad （4\text{-}6）$$

如果磁場強度為一固定值，則上式可簡化為（4-7），其中 K_E 為馬達的旋轉反

電動勢常數，單位為 V/(rad/sec)。

$$V_g(t) = K_E \omega(t) \tag{4-7}$$

4.4.2 馬達轉矩計算

轉子電樞線圈載有電流的導線，在與其垂直的定子磁場下會受到力的作用，此力的大小與導線內之電流、導線的長度與磁場的強度成正比，此力作用在轉子的軸心上即造成一扭矩。

$$T_g(t) = K i_a(t) \phi(t) \tag{4-8}$$

由於電樞線圈導線之長度是固定的，因此磁場保持定值的情況下，可化簡為

$$T_g(t) = K_T i_a(t) \tag{4-9}$$

其中，K_T 為扭矩常數，單位為 N·m/A。且轉子產生之扭矩，即與電樞電流成正比。

在轉子上所產生之扭矩無法全數施於負載，有些將消耗在克服轉子本身之磨擦，有些則用以帶動轉子本身的慣量，可將其歸納為下列式子：

$$T_g(t) = T_L(t) = J \frac{d\omega(t)}{dt} + B\omega(t) \tag{4-10}$$

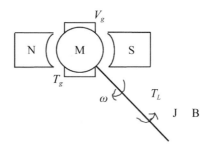

圖 4.6　馬達轉子示意圖

其中

B：旋轉磨擦係數（N・m/(rad/sec)）

J：馬達本身的慣量以及負載反映在馬達軸上的等效慣量（N・m/(rad/sec^2)）

最後我們可以歸納出下面兩條方程式：

$$V_a(t) = i_a(t) \cdot R_a + L_a \frac{di_a(t)}{d_t} + V_g(t) \qquad （4\text{-}11）$$

$$T_g(t) = T_L(t) + J \frac{d\omega(t)}{dt} + B\omega(t) = K_T i_a(t) \qquad （4\text{-}12）$$

4.5　穩態平衡工作點

4.5.1　馬達扭矩─轉速曲線

藉由馬達電路方程式（4-11），我們可以看出馬達電流與轉速的關係，而且扭矩的方程式（4-9）說明馬達輸出的扭力與馬達的電流成正比，我們可以將電流換成扭力，以得到扭矩─轉速曲線。

$$V_a(t) = i_a(t) \cdot R_a + L_a \frac{di_a(t)}{d_t} + V_g(t)$$

$$V_g(t) = K_E \omega(t)$$

$$T_g(t) = K_T i_a(t)$$

由（4-11）式可知，當馬達穩定時，$\frac{di_a(t)}{dt} = 0$。進而推出轉速與電流的關係式（4-13），且由（4-9）式可以得知轉矩與電流關係式，結合兩者將電流 i_a 替換後，可知馬達扭矩─轉速曲線為一線性方程式（4-14）。

$$\omega(t) = \frac{v_a(t) - i_a(t)R_a}{K\phi(t)} \qquad （4\text{-}13）$$

$$\omega = \frac{V_a}{K_E\phi} - \frac{T_g R_a}{K_E K_T \phi}$$ （4-14）

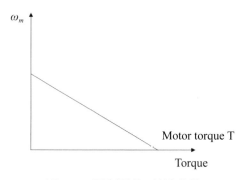

圖 4.7　馬達扭矩—轉速曲線

當轉速變小，因馬達輸入電壓 V_a 不變，所以 i_a 變大，馬達輸出扭矩也會變大。

4.5.2　工作平衡點

當一個馬達驅動任何一個機械負載系統，此機械負載系統均可用基本扭矩方程式描述。

$$T = T_L + J\frac{d\omega}{dt} + B\omega$$ （4-15）

在穩態時 $\frac{d\omega}{dt}$ 為零，假設 T_L 為零，此時負載扭矩與轉速成正比

$$T = B\omega$$ （4-16）

此時馬達扭矩—轉速曲線與負載扭矩—轉速曲線交點稱作工作點。

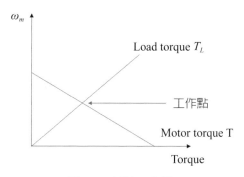

圖 4.8　馬達工作點

4.6　直流馬達的應用

　　直流馬達常用於造紙機械、車床、起重機、升降機、電氣鐵道車等需要調整轉速的地方，一般而言，同樣的體積直流馬達可以輸出較大功率，直流馬達轉速不受電源頻率限制可以製作出高速馬達，控制電壓比控制速度來得簡單容易。

　　像自動控制實驗中利用 Arduino 控制的小模型車，當中的馬達模組就是控制輸出電壓的大小來控制速度。

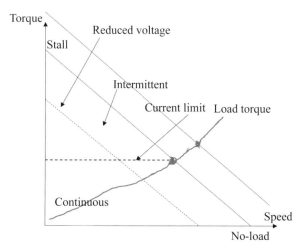

圖 4.9　馬達工作點

當額定轉矩（電流）保持相等，並且與電動機的結構有關。可以調整電壓大小來觀察電動機的變化。最大速度將增加，扭矩特性也將偏移，這意味著相同的負載，將在較高的速度下找到平衡，較高的扭矩表示較高的電流。

4.7　直流馬達種類

4.7.1　依有無電刷來分類

1. 有刷直流馬達

　　有刷直流馬達是靠電流流經電刷再經電樞轉動。其垂直磁場的產生採用在轉子上增加多組的線匯繞組，經由電刷與整流子的調整，使流入電樞的電流能控制轉子磁場保持在磁場垂直的方向上。優點為其速度控制簡單，只需控制電壓即可。缺點則為在高溫下操作，容易使電刷磨損。

2. 無刷直流馬達

　　將永久磁鐵部分當作轉子，而電磁繞組當作定子來使用，配合適當的驅動電路來控制磁極間的換相時序，可以提高效率或增加轉速範圍。無刷馬達是靠線圈產生磁場讓電樞運轉，因為少了電刷與軸的摩擦，因此較省電也比較安靜，且保有了有刷直流馬達的加速特性。

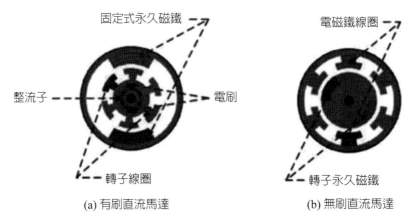

(a) 有刷直流馬達　　　　　　　　　(b) 無刷直流馬達

圖 4.10　有刷馬達與無刷馬達比較圖

4.7.2　依激磁來分類

直流馬達依激磁方式可分爲串激式、並激式及複激式馬達三種。

1. 串激式馬達

串激式馬達之激磁線圈和電樞以串聯接線，故激磁電流和電樞電流相等。

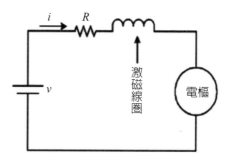

圖 4.11　串激式馬達等效電路圖

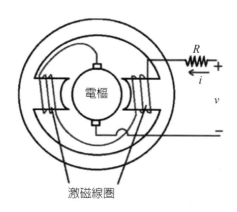

圖 4.12　串激式馬達示意圖

分析如下：若馬達於高負載時，轉速下降，導致電流 i_a 上升，此時激磁線圈磁場強度（$\phi(t)$）也會隨電流上升，則轉矩與電樞線圈之電流平方成比例。

同理，在低負載時，可得出高轉速、低轉矩的特性。串激式馬達在高負載具有電流大，可產生的扭力大，擁有高啓動轉矩的特性。現在的汽車啓動馬達都使用此類型。下式爲串激式馬達原理分析

$$\omega(t) = \frac{v_a(t) - i_a(t)R_a}{K\phi(t)}$$

$$T_g(t) = Ki_a(t)\phi(t)$$

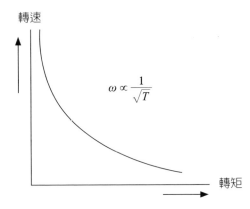

圖 4.13　串激式馬達轉速─轉矩圖

2. 並激式馬達

　　並激式馬達之激磁線圈和電樞使用同一電源，且以並聯方式相連接，故兩端電壓相等，所以只要電壓一定，磁場電流也是一定值，使得磁場強度為固定值，轉速變動少。

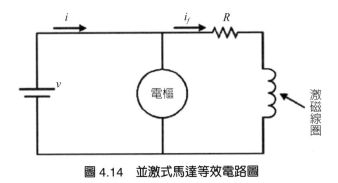

圖 4.14　並激式馬達等效電路圖

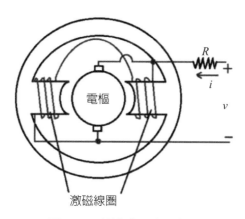

圖 4.15　並激式馬達示意圖

　　分析如下：若馬達於高負載時，轉速下降，導致電流 i_a 上升，則轉矩與電樞線圈電流成比例。

　　同理，低負載時，可以得出轉速上升，轉矩下降。因此並激式馬達轉速變化較小，為較穩定的馬達。下式為並激式馬達原理分析

$$\omega(t) = \frac{v_a(t) - i_a(t)R_a}{K\phi(t)}$$

$$T_g(t) = Ki_a(t)\phi(t)$$

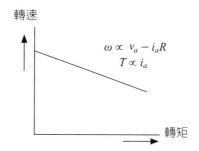

圖 4.16　並激式馬達轉速─轉矩圖

3. 複激式馬達

複激式馬達具有串激線圈和並激線圈。串激繞組和並激繞組兩者產生的磁場方向相同時，稱為複激式馬達。

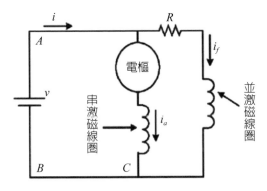

圖 4.17　複激式馬達等效電路圖

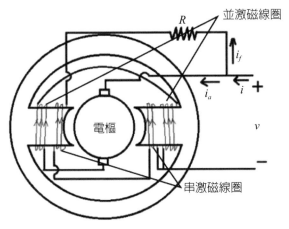

圖 4.18　複激式馬達示意圖

表 4.2　串激式、並激式、複激式直流馬達比較表

	馬達特性	用途
串激式馬達	無負載時：因 $i_a = 0$，$\phi = 0$，轉速相當高有飛脫之虞，故不可在無載時運轉，通常會加裝離心開關作保護。	主要用於需高啓動轉矩或高轉速的場合，如起重機、電車、果汁機、吸塵器等。
並激式馬達	負載↑，磁通 ϕ 固定不變，$\omega = v - i_a R_a$，微微下降。	因轉速下降幅度極小，可視為定速電動機；而且可利用調整磁場電阻大小來改變轉速，因此又可視為調速電動機。一般用於印刷機、鼓風機、車床。
複激式馬達	負載上升：電樞電流 i_a 上升，ϕ 亦上升，因此轉速比分激下降多，大約介於定速與變速之間。	兼具有串激高啓動轉矩及並激定速的特性，故一般用於突然施以重載的地方，如鑿孔機、沖床、滾壓機。

第 5 章

直流馬達驅動

5.1 電力驅動部件

馬達驅動器包括動力電子轉換器和相關的控制器。動力電子轉換器由固態器件製成，做為電源與馬達之間橋梁。而控制器處理命令輸入和回授信號可控制半導體的開關。電源組和馬達驅動器的方塊圖，如下圖所示。

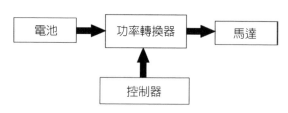

圖 5.1　馬達驅動的方塊圖

5.1.1　電力轉換器

電力轉換器可以是供應 DC 馬達的 DC 驅動器。驅動器的轉換器功能如圖 5.2 所示。電力電子驅動器開關磁阻（SR）機器的需求與直流或交流驅動器的需求不同。

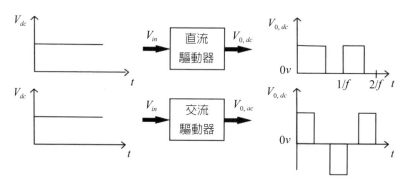

圖 5.2　直流─直流和直流─交流的轉換器功能

功率轉換器由高功率快速作用半導體器件製成，例如雙極結電晶體（BJT）、金屬氧化物半導體場效應電晶體（MOSFET）、絕緣柵雙極電晶體（IGBT）、

可控矽整流器或晶閘管（SCR）、柵極關斷 SCR（GTO）和 MOS 控制晶閘管（MCT）。這些固態器件配置在特定電路的主要功能是作爲電子開關，將固定電源電壓轉換爲可變電壓和可變電壓頻率供應。這些設備都可以根據控制器所產生的命令來控制輸入端。功率半導體技術在過去二十年中的發展有巨大的進步，同時也帶動了高效又可靠的 DC-DC 和 DC-AC 電力電子轉換器結構。

5.1.2　驅動控制器

驅動控制器用於驅動電動車或混合動力電動車輛的馬達驅動子系統。驅動控制器是車輛控制系統內的控制器。車輛控制器會發送扭矩命令到驅動控制器，驅動控制器則會處理這些命令並控制進入動力傳動系統的動力。驅動控制器的功能是接受命令和回授信號，根據所需的標準處理信息，如效率最大化，並爲功率轉換器產生開關信號。現代控制器大多是數位信號而非類比信號，有助於最大限度地減少誤差，並通過它們提高性能，在短時間內處理複雜算法的能力。

控制器基本上是嵌入式的系統，其中微處理器和數字信號處理器用於信號處理。處理器之間則需要由 A/D 和 D/A 轉換器組成的介面電路來進行通信。

5.2　DC驅動器

用於 EV 和 HEV 應用的 DC 驅動器是 DC-DC 轉換器，例如 DC 斷路器，共振轉換器或推挽式轉換器。本章將分析一個兩象（限）斷路器作爲直流驅動器的代表。兩象斷路器的簡單性和單獨激勵的 DC 馬達的轉矩—速度特性，將用於呈現電力電子馬達驅動器和車輛負載之間的相互作用，如圖 5.3。

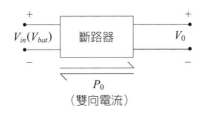

圖 5.3　驅動器中的功率傳遞是雙向的

5.2.1 二象（限）斷路器

在圖 5.4 中。流經馬達的電流為感應電動勢所產生的感應電流，因此不能瞬時改變。紅框處即為二象（限）斷路器，其中，電晶體 Q1 和二極體 D1 組合成雙向電流開關 S1。同樣地，開關 S2 由電晶體 Q2 和二極體 D2 構成。

二象斷路器分為兩個象限模式，象限 I 模式指的就是加速模式，電流由電池流經電晶體（Q1）再到馬達，使馬達加速運轉。象限 II 指的是制動模式，也就是所謂的剎車，此時的電流會因為馬達慣性所產生的反電動勢，產生的電流流經二極體（D1）再回充到電池。最後再透過調整占空比，使兩個模式都可以達到穩定的電流和扭矩輸出。

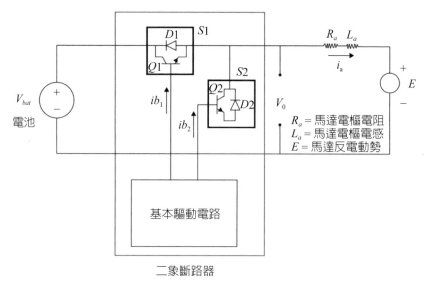

二象斷路器

圖 5.4　直流馬達驅動器的驅動電路

1. 象限 I（加速模式）

兩組開關的接通和斷開狀態產生四種開關狀態（SWS），其中，在加速模式中，開關狀態 1 和開關狀態 2 是可運行的，開關狀態 0 和開關狀態 3 會讓電路無法運作。如表 5.1 所示。

表 5.1　象限 I（加速模式）的 4 種開關狀態

開關狀態	S1	S2	備註
開關狀態 0	斷開	斷開	無法運作
開關狀態 1	接通	斷開	工作時間
開關狀態 2	斷開	接通	休眠時間
開關狀態 3	接通	接通	短路

在象限 I（加速模式）的操作中，開關狀態 1（圖 5.5(a)）的狀態下，對應到的是時間軸 $0 < t < dT$，打開 Q1 會使電流從電池流向馬達，且 Q2 必須保持關閉，因此，流經 Q2 的電流 $ib_2 = 0$，該狀態中 Q1 on, D1 off, Q2 off, D2 off。

開關狀態 2（圖 5.5(b)）對應到的是時間軸 $dT < t < T$，同時也是休眠時間，該狀態中 Q1 off, D1 off, Q2 off, D2 on。

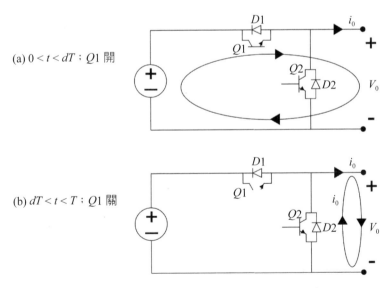

(a) $0 < t < dT$：Q1 開

(b) $dT < t < T$：Q1 關

圖 5.5　象限 I 電路條件 (a) 工作時間 (b) 休眠時間

象限 I 用於車輛的加速和等速行駛。斷路器工作模式在此象限中的開關狀態 1 和開關狀態 2 之間切換。在開關狀態 1 與開關狀態 2 的週期性交替作用下，馬達電壓 Vo 以及流經電晶體 Q1 的電流 ib1 呈方波狀，如圖 5.6 所示。電樞電流 i0 在圖

中所帶有紋波現象是誇大呈現的。實際上，紋波幅度與電樞電流 i0 的平均值相比是很小的。

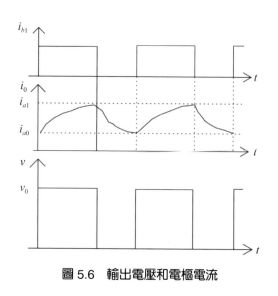

圖 5.6　輸出電壓和電樞電流

2. 象限 II（制動模式）

在象限 II（制動模式）的操作中，開關狀態 1 和開關狀態 2 是可運行的，開關狀態 0 和開關狀態 3 會讓電路無法運作。如表 5.2 所示。

表 5.2　象限 II（制動模式）的 4 種開關狀態

開關狀態	S1	S2	備註
開關狀態 0	斷開	斷開	無法運作
開關狀態 1	接通	斷開	休眠時間（能源再生）
開關狀態 2	斷開	接通	工作時間
開關狀態 3	接通	接通	短路

開關狀態 2（圖 5.7(b)）所對應到的是工作時間，該狀態下，會打開 Q2 並關閉其他電晶體及二極體，以切斷電源的電壓供給，該狀態中 Q1 off, D1 off, Q2 on, D2 off。

在開關狀態 1（圖 5.7(a)）的狀態下，對應到的是休眠時間，在該期間內馬達會對電池進行充電（能源再生），該狀態中 Q1 off, D1 on, Q2 off, D2 off。

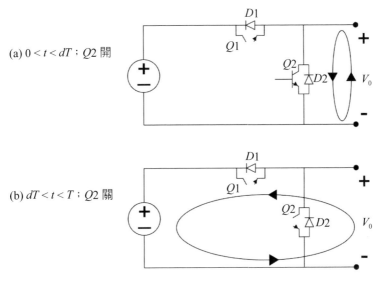

(a) $0 < t < dT$；Q2 開

(b) $dT < t < T$；Q2 關

圖 5.7　象限 II 電路條件 (a) 休眠時間 (b) 工作時間

3. 占空比

在濾波上，需要設定切換的時間週期才能獲得較穩定的電流和扭矩輸出。控制馬達特定轉矩輸出的是車輛控制器的占空比 d，占空比的定義為「在一個週期內，工作時間與總時間的比值」，意即

$$D = \frac{T_{on}}{T} = \frac{T_{on}}{T_{on} + T_{off}}$$

占空比 d 可藉由設定電晶體 Q1 的接通時間來控制。電晶體 Q1 會以固定的頻率切換，以保持 DC 馬達的所需電流和轉矩輸出。而占空比 d 是 0 和 1 之間的數字，如果乘以時間週期 T 時，可得到電晶體的導通時間。Q1 的驅動信號與占空比 d 有直接的關係，因此，假設理想的開關條件，馬達的輸入電壓 Vo 也會取決於占空比 d。

5.2.2　開路驅動

1. 迴路基本架構

　　從系統的角度來看，藉由駕駛踩油門或煞車踏板輸入到系統，再由二象斷路器驅動直流馬達，並為變速器和車輪提供動力，用於車輛推進，如圖 5.8 所示。

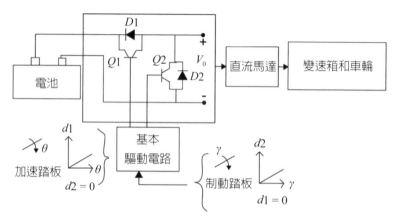

圖 5.8　開路驅動的雙向功率

　　在象限 I 操作中由 Q1 控制加速和等速行駛，而在象限 II 操作中由 Q2 控制制動，如圖 5.9 所示。簡而言之，加速踏板的斜率決定了車輛預期的運動，並且踏板的角度成比例地用於設定 Q1 的占空比 d1。類似地，制動踏板的斜率表示所需的制動量，並且制動踏板的角度成比例地用於設定 Q2 的占空比 d2。但要注意的是，兩個踏板不能同時踩下。

　　使用馬達進行車輛推進的優點之一，是通過再生在車輛制動期間節省能量。來自車輪的能量由功率轉換器處理，並在再生制動期間輸送到電池或其他能量儲存系統。對於二象斷路器，每個週期的再生能源是占空比的函數，如稍後所示。因此，電動車或混合動力電動車的實際占空比命令，將與踏板角度呈現非線性地相關。

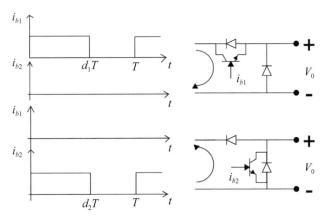

圖 5.9　加速和再生期間兩個電晶體的基本驅動信號

2. 象限 I 的穩態分析

　　使用兩象限斷路器加速車輛期間，電流從電源流入馬達。儘管電流的平均值是非零正值，電流的連續與否是可以依據所需的扭矩做調整的。因此象限 I 的穩態分析包含了兩象限斷路器的兩種操作模式，即連續導通模式（CCM）和不連續導通模式（DCM），這兩種模式後面會再做詳細說明。假設推進車輛前進所需的扭矩和斬波頻率夠高，因而可以維持正電流連續進入馬達，則此時驅動系統將會進入穩態模式，如圖 5.5 所示。電流 i_0 是電樞電流。因此，$i_0 = i_a$。由於忽略了反電動勢 E 中的紋波，我們可以假設 E 是常數。在工作時間期間，馬達的等效電路，如圖 5.10 所示。

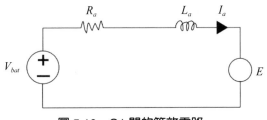

圖 5.10　Q1 開的等效電路

在電路迴路周圍應用 KVL，則

$$V_{bat} = R_a i_a + L_a \frac{di_a}{dt} + E \qquad (5.1)$$

初始條件是 $i_a(0) = I_{a0} > 0$。這是一階線性微分方程，在求解時得到

$$i_a(t) = \frac{V_{bat} - E}{R_a}(1 - e^{-\frac{t}{\tau}}) + I_{a0} e^{-\frac{t}{\tau}} \qquad (5.2)$$

開關狀態 1 的最終條件是

$$i_a(dT) = \frac{V_{bat} - E}{R_a}(1 - e^{-\frac{dT}{\tau}}) + I_{a0} e^{-\frac{dT}{\tau}} \qquad (5.3)$$

在休眠時間期間，馬達的等效電路，如圖 5.11 所示。

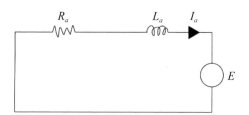

圖 5.11　Q2 關的等效電路

設 $t' = T - dT$。應用 KVL，在穩態下，$ia(t' = T - dT) = I_{ao}$ 求解線性微分方程。因此

$$I_{a0} = \frac{E}{R_a}\left(-1 + e^{\frac{-T(1-d)}{\tau}}\right) + I_{a1} e^{\frac{-T(1-d)}{\tau}} \qquad (5.4)$$

使用公式 5.3 和 5.4 來求解 I_{a0} 和 I_{a1}，我們得到了

$$I_{a0} = \frac{V_{bat}}{R_a}\left(\frac{e^{\frac{dT}{\tau}}-1}{e^{\frac{T}{\tau}}-1}\right) - \frac{E}{R_a} \tag{5.5}$$

$$I_{a1} = \frac{V_{bat}}{R_a}\left(\frac{1-e^{-\frac{dT}{\tau}}}{1-e^{-\frac{T}{\tau}}}\right) - \frac{E}{R_a} \tag{5.6}$$

因此，我們可以得到電樞電流紋波是

$$\Delta i_a = I_{a1} - I_{a0}$$

$$= \frac{V_{bat}}{R_a}\left[\frac{1+e^{\frac{T}{\tau}}-e^{\frac{-dT}{\tau}}-e^{\frac{(1-d)T}{\tau}}}{e^{\frac{T}{\tau}}-1}\right] \tag{5.7}$$

如果電樞電流 i_a 具有紋波，則馬達轉矩 Te 也將具有紋波，因為馬達轉矩與電樞電流成比例，速度也與電磁轉矩成正比。因此，對於電動車和混合動力電動車的應用上，並不希望 Te 中有顯著紋波，因為扭矩中的紋波會導致速度不穩定。為了平穩駕駛，需要減少 Te 中的波紋。

(1) 加速（連續導通模式，CCM）

圖 5.12　連續導通模式示意圖

連續導通模式主要在敘述一般正常情況下，由於車子的扭矩夠高足以應付路況，所以加速不中斷，如圖 5.12 所示。加速模式中，電流和功率從電池或能量源流入馬達，如圖 5.13 所示。

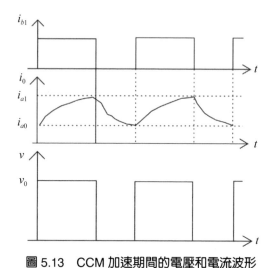

圖 5.13　CCM 加速期間的電壓和電流波形

連續導通模式的情況是：

$$I_{a0} > 0 \Rightarrow I_{a0} = \frac{V_{bat}}{R_a}\left(\frac{e^{\frac{d_1 T}{\tau}} - 1}{e^{\frac{T}{\tau}} - 1}\right) - \frac{E}{R_a} > 0$$

$$\Rightarrow V_{bat}\left(\frac{e^{\frac{d_1 T}{\tau}} - 1}{e^{\frac{T}{\tau}} - 1}\right) > E \qquad (5.8)$$

因為 $0 \leq d_1 \leq 1$。所以

$$V_{bat} > V_{bat}\left(\frac{e^{\frac{d_1 T}{\tau}} - 1}{e^{\frac{T}{\tau}} - 1}\right) \qquad (5.9)$$

因此，連續導通模式的條件可化簡為

$$V_{bat} \geq V_{bat}\left(\frac{e^{\frac{d_1 T}{\tau}} - 1}{e^{\frac{T}{\tau}} - 1}\right) > E \qquad (5.10)$$

功率轉換器的電氣時間常數，比馬達和車輛的機械時間常數快得多。馬達轉矩—速度特性與車輛力—速度特性之間的相互作用的分析，最好在一段時間內平均進行。馬達電樞迴路周圍的 KVL 是

$$V_a(t) = R_a i_a(t) + L_a \frac{di_a}{dt} + K\phi\omega(t)$$

$$\langle V_a \rangle = R_a \langle i_a \rangle + K\phi \langle \omega \rangle \qquad （5.11）$$

平均電樞電路可以用圖 5.14 中的電路表示。

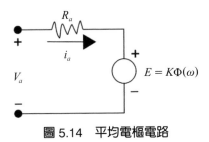

圖 5.14　平均電樞電路

連續導通模式中的平均電樞電壓為

$$\langle V_a \rangle = \frac{1}{T} \int_0^T V_a(\tau)d\tau = \frac{V_{bat}d_1 T}{T} = d_1 V_{bat} \qquad （5.12）$$

平均扭矩方程是

$$T_e(t) = K\phi i_a(t)$$

$$\Rightarrow \langle i_a \rangle = \frac{\langle T_e \rangle}{K\phi} \qquad （5.13）$$

用公式 5.12 代替平均電流得到以下結果：

$$d_1 V_{bat} = R_a \frac{\langle T_e \rangle}{K\phi} + K\phi \langle \omega \rangle$$

$$\Rightarrow \langle \omega \rangle = \frac{d_1 V_{bat}}{K\phi} - \frac{R_a}{(K\phi)^2} \langle T_e \rangle \qquad (5.14)$$

由公式 5.12 給出的連續導通模式中，由兩象斷路器驅動的單獨激勵的直流馬達的平均轉矩－速度特性，如圖 5.15 所示。在加速模式中增加占空比 d1 的結果是在第一象限中，使空載速度和其餘特性垂直向上移動。

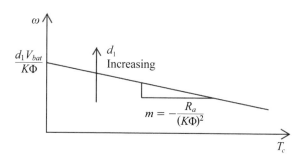

圖 5.15　轉矩速度特性

(2) 加速（不連續導通模式，DCM）

圖 5.16　不連續導通模式示意圖

不連續導通模式主要在敘述一些情況下（例如：爬坡），由於車子的扭矩不夠高，所以會產生加速不連續的情況，如圖 5.16 所示。當加速模式下馬達所需的轉

矩不夠高時，斷路器可能會進入不連續導通模式，電樞電流變得不連續，如圖 5.17
所示。

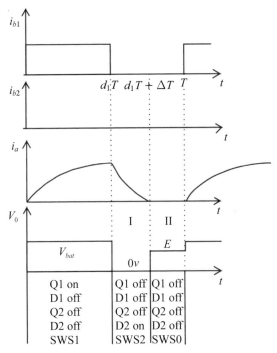

圖 5.17　DCM 加速期間的電壓和電流波形

在不連續導通模式中，$I_{a0} = 0$ 且 $V_{bat} > E$（因為能量傳輸仍然從能量源流入馬
達）。在象限 I 中不連續導通模式的操作條件是：

$$V_{bat} \geq E > V_{bat}\left(\frac{e^{\frac{d_1 T}{\tau}} - 1}{e^{\frac{T}{\tau}} - 1}\right)$$

在該模式中，我們將針對休眠期間 II 做說明。在休眠期間 II 之間的間隔中，
若要使 i_a 變為負值，D1 必須打開。但是，在此間隔期間 $v_0 = V_{bat} > E$；因此 i_a 不能
為負值。此外，i_a 也不能變為正值，因為這將需要 $v_0 = V_{bat}$ 並將 Q1 打開，但流經

Q1 的電流 $i_{b1} = 0$。因此該間隔內 $i_a = 0$，意即在休眠期間 II 將會關閉兩組電晶體與二極體，呈現開關狀態 0。

3. 減少紋波

減少電樞電流紋波可以透過增加一系列電樞電阻或增加斷路器開關頻率來達成。

(1) 增加一系列電樞電阻：

在電樞中增加串聯電感會增加電氣時間常數 τ。新的時間常數是

$$\tau = \frac{L_f + L_a}{R_a}$$

其中 L_f 是增加的串聯電感，如圖 5.18 所示。

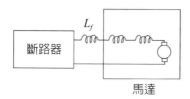

圖 5.18　於電樞中增加串聯電感

隨著時間常數 τ 的增加，Δi_a 由於固定的開關週期 T 而減小，而且電響應時間將增加。增加斷路器的開關頻率即減小 T，也將減小電樞電流紋波。

(2) 增加斷路器開關頻率：

開關頻率的上限取決於所用開關的類型。開關頻率也必須小於控制器計算週期時間，這取決於所用處理器的速度和控制演算法的複雜性。而使用較高開關頻率的代價是較高的開關損耗。

4. 加速（失控模式，UNCM）

當車輛在陡坡上往下行駛時，馬達可以獲得較大的反電動勢，如圖 5.19。在這種情況下，如果 $E > V_{bat}$，則不能將電流強制進入馬達，並且 Q1 的使用變得毫無

下坡好快，快踩煞車！！

圖 5.19　失控模式示意圖

意義。電源電壓飽和限制可防止驅動器向馬達提供更多功率，使其移動速度超過重力所能達到的速度。因此，駕駛無法使用加速踏板控制車輛，只能通過剎車踏板使車輛減速。如果在這種情況下不使用制動踏板，則車輛進入失控模式。當 $E > V_{bat}$ 時，i_a 開始減小，一旦達到零，二極體 D1 變為正向偏置並導通。i_a 繼續向負方向增加，直到達到其穩態值

$$i_a = \frac{-E + V_{bat}}{R_a}$$

此階段的操作模式在象限 II 中。電流和開關條件，如圖 5.20 所示。於工作狀態踩下加速踏板並不能控制車輛，且車輛實際上是以不受控的方式再生制動並向下行駛。同時，保護機制必須在此階段啟動，以防止電池過度充電。當然，駕駛可以透過從加速踏板切換到制動踏板，並透過使用 Q2 強制控制再生來獲得控制。這樣有助於使車輛在下坡時減速。

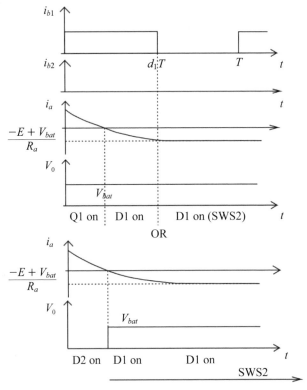

圖 5.20　UNCM 加速期間的電壓和電流波形

5. 一般剎車操作

　　一般煞車主要在敘述連續導通模式下所做的制動行爲，如圖 5.21 所示。通過馬達驅動系統的再生是在車輛制動期間回收能量最有效的方式。讓我們假設 $E < V_{bat}$，並且踩下制動踏板。在此期間 Q1 保持關閉並透過 Q2 的閘門信號 i_{b2} 來控制制動。爲了再生，功率必須從馬達流到能源儲存器，因此電樞電流 i_a 要爲負值。打開 Q2 有助於 i_a 變爲負值，並且可以在較短的時間內建立平均負電流以用於車輛制動和再生。制動操作期間的電壓和電流波形，如圖 5.22 所示。在加速期間的分析將在制動期間產生穩態連續導通模式中的 I_{a1} 和 I_{a2} 值。

圖 5.21　一般煞車操作示意圖

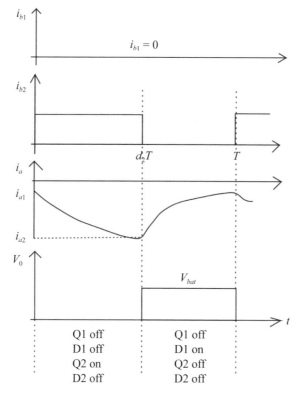

圖 5.22　制動期間的電壓和電流波形

$$I_{a1} = \frac{1}{R_a} \left\{ V_{bat} \left(\frac{1 - e^{-\frac{d_2' T}{\tau}}}{1 - e^{-\frac{T}{\tau}}} \right) - E \right\}, \quad d_2' = 1 - d_2$$

$$I_{a2} = \frac{1}{R_a} \left\{ V_{bat} \left(\frac{e^{\frac{d_2' T}{\tau}} - 1}{e^{\frac{T}{\tau}} - 1} \right) - E \right\} < 0 \tag{5.14}$$

制動期間的電流紋波是

$$\Delta i_a = \frac{V_{bat}}{R_a} \left[\frac{-e^{-\frac{d_2' T}{\tau}} + 1 + e^{\frac{T}{\tau}} - e^{\frac{d_2' T}{\tau}}}{e^{\frac{T}{\tau}} - 1} \right] \tag{5.15}$$

在製動期間，$i_{a1} < 0$ 且 $E < V_{bat}$，另外，請注意

$$0 < \left(\frac{1 - e^{-\frac{d_2' T}{\tau}}}{1 - e^{-\frac{T}{\tau}}} \right) = \frac{e^{\frac{T}{\tau}} - e^{\frac{d_2' T}{\tau}}}{e^{\frac{T}{\tau}} - 1} < 1 \tag{5.16}$$

因此，制動期間連續傳導的條件是

$$0 < V_{bat} \left(\frac{1 - e^{-\frac{d_2' T}{\tau}}}{1 - e^{-\frac{T}{\tau}}} \right) < E < V_{bat} \tag{5.17}$$

制動中的平均電壓方程為

$$\langle V_a \rangle + R_a \langle i_a \rangle + 0 = E = K\phi \langle \omega \rangle \tag{5.18}$$

平均馬達扭矩是

$$\langle T_e \rangle = -K\phi \langle i_a \rangle \qquad （5.19）$$

馬達端子的平均電壓是

$$\langle V_a \rangle = \frac{1}{T}\int_0^T V_a(\tau)d\tau = \frac{1}{T}V_{bat}(T - d_2T) = (1 - d_2)V_{bat} \qquad （5.20）$$

將公式 5.19 和公式 5.18 代入公式 5.17，平均速度─轉矩特性，如圖 5.23：

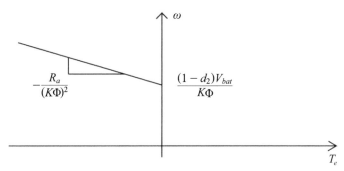

圖 5.23　制動期間直流電動機驅動速度─轉矩特性

6. 再生能源

　　只有當電流從馬達流入電池時，電源才會從循環週期的一部分中再生為能源，如圖 5.24 所示。

　　當電晶體 Q2 導通時，功率僅在開關和接觸電阻中消散。當 Q2 關閉且二極體 D1 導通時，電流 $i_{bat}(t)$ 流入電池。因此，瞬時再生功率是 $P_{reg}(t) = V_{bat} \times i_{bat}(t)$。平均再生功率是

$$\langle P_{reg} \rangle = \frac{1}{T}\int_{d_2T}^T Preg(\gamma)d\gamma \qquad （5.21）$$

　　使用類似於在加速期間對連續導通模式所做的分析，以及公式 5.14 的結果，可以將電池電流導出為

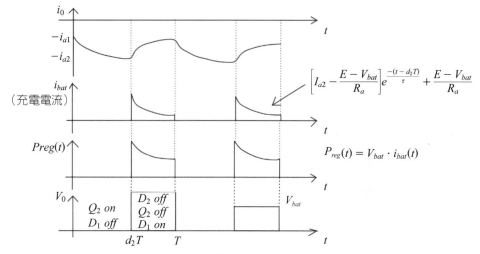

圖 5.24　制動期間的電壓、電流和功率的波形

$$i_{bat}(t) = \begin{cases} \left[I_{a2} - \dfrac{E - V_{bat}}{R_a}\right] e^{\frac{-(t - d_2 T)}{\tau}} + \dfrac{E - V_{bat}}{R_a} & for\ d_2 T < t \le T \\ 0 & otherwise \end{cases} \tag{5.22}$$

將公式 5.22 插入公式 5.21 並積分得到的平均再生功率為

$$\langle P_{reg} \rangle = \frac{V_{bat}^2}{R_a}\left[\left(\frac{E}{V_{bat}} - 1\right)(1 - d_2) + \frac{\tau}{T}\left\{\frac{e^{\frac{(1 - d_2)T}{\tau}} + e^{\frac{d_2 T}{\tau}} - 1}{1 - e^{\frac{T}{\tau}}}\right\}\right] \tag{5.23}$$

則每個循環的再生能量是

$$\int_0^T P_{reg}(\gamma)d\gamma = \int_{d_2 T}^T P_{reg}(\gamma)d\gamma = \langle P_{reg} \rangle\ T \tag{5.24}$$

第 **6** 章

電動車感應馬達的
工作原理

6.1 | 三相交流電

在異步電動機或是同步電動機中,都是由馬達定子通入交流電,產生和交流頻率相同的旋轉磁場。

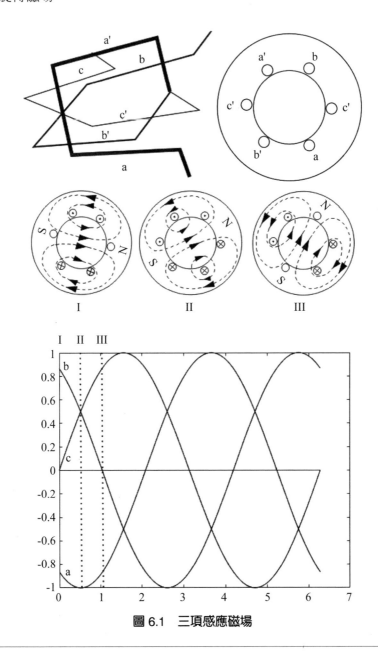

圖 6.1　三項感應磁場

6.1.1　轉子的感應電流

　　由上面的旋轉磁場，當磁場旋轉時會使內部的鼠籠轉子產生感應的電流，電流的方向與大小會跟磁場與導線位置而產生改變。

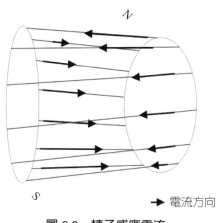

圖 6.2　轉子感應電流

6.2　推導轉子感應電動勢

方法一：法拉第定律

　　馬達定子通入交流電後，產生和交流頻率相同的旋轉磁場，根據法拉第定律，由於磁場的波動，將會有電動勢在線圈導體中產生。而電動勢將會產生流過導體的電流。該感應電流的方向可由冷次定律得知。

$$法拉第定律：\varepsilon = -\frac{d\Phi_B}{dt} \tag{6-1}$$

　　冷次定律判斷電流方向：

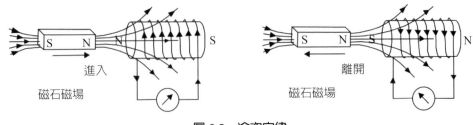

圖 6.3　冷次定律

由法拉第定律：

$$\varepsilon = -\frac{d\Phi_B}{dt} = \frac{d(\vec{B} \cdot \vec{A})}{dt} = \frac{d(BA\cos\theta)}{dt} = BA\sin\theta\frac{d\theta}{dt}\qquad（6\text{-}2）$$

其中 θ 為磁場方向與面積法向量之夾角，B 為磁場方向，A 為面積法向量。

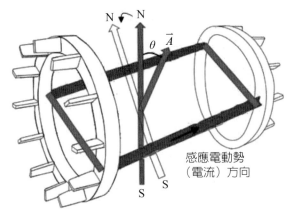

圖 6.4　法拉第定律法示意圖

方法二：勞侖茲法

　　利用另一種想法，一根導線在旋轉磁場中，可視為在旋轉磁場中做等速圓周運動。

$$\vec{E} = \vec{V} \times \vec{B} = VB\sin\theta$$

$$\varepsilon = -\int_a^b E \cdot dl = VBL\sin\theta = BRL\sin\theta\frac{d\theta}{dt}$$

由於導線長（L）與中心相交之面積爲 $A/2$，可將上式更改爲

$$\varepsilon = B\frac{A}{2}\sin\theta\frac{d\theta}{dt} \tag{6-3}$$

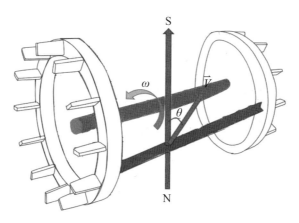

圖 6.5　勞侖茲法示意圖

6.3　計算轉矩

得到所有鼠籠線圈的電動勢後，由 $I_i = \dfrac{\varepsilon_i}{R}$ 可以得到所有鼠籠線圈的電流，由弗萊明右手定則，可得力的方向。若以數學式表示，則

$$\vec{I_1} \times \vec{B} = \vec{F_1}$$

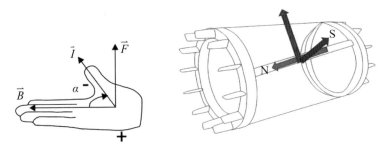

圖 6.6　弗萊明右手定則

馬達總扭矩 $T = \sum_{i=1}^{n} \vec{F_l} \times \vec{R}$，但一般習慣以功率及轉速來反推扭矩。

$$P = \frac{T * N}{9550} \quad (T : N \cdot M \,;\, N : RPM) \qquad （6\text{-}4）$$

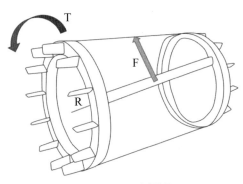

圖 6.7　馬達扭矩

6.4　滑差

滑差（slip）"s" 定義為相同頻率下，電機的同步轉速（磁場轉速）和真實轉速（轉子轉速）差值，除以電機同步轉速後的比例，以百分比表示。

$$s = \frac{n_s - n_r}{n_s} \qquad （6\text{-}5）$$

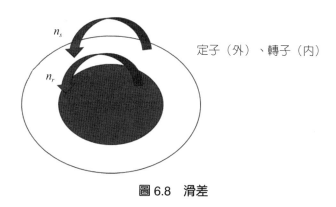

圖 6.8　滑差

　　若眞實轉速等於同步轉速，滑差爲 0，若電動機靜止，其滑差爲 1。因爲鼠籠式轉子的電阻很小，很小的滑差就可以產生轉子的大電流，因而產生夠大的轉矩。

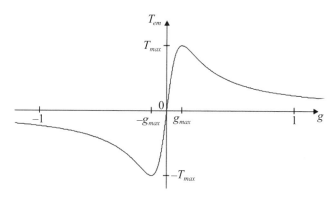

圖 6.9　滑差與扭矩關係

　　在電動機正常的工作範圍內，速度─轉矩曲線的曲線會大致爲線性，轉矩會大致和滑差成正比，因爲等效電路中的轉子電阻會和滑差成反比，而在正常的工作範圍內，滑差較小，轉矩和轉子電阻成反比，也就和滑差成正比。不過若負載超過額定轉矩，定子及轉子漏感的影響比轉子電阻要大，此時滑差變大時，轉矩仍會增加，但轉矩和滑差的關係不再是線性，斜率也會漸漸變緩。若負載轉矩超過崩潰轉矩，此時電動機的速度變慢，滑差會變大，而轉矩反而會下降，因此電動機會繼續減速，直到電動機堵轉爲止。

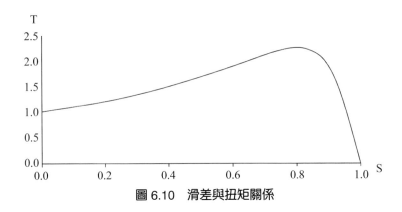

圖 6.10　滑差與扭矩關係

電動機的輸出會被以下幾個轉矩範圍所限制：

崩潰轉矩（Breakdown torque，最大轉矩）：速度─轉矩曲線的最高點，額定轉矩的 175-300%。

堵轉轉矩（Locked-rotor torque，電動機靜止，滑差為 100% 的轉矩）：額定轉矩的 75-275%。

啓動轉矩（Pull-up torque）：額定轉矩的 65-190%。

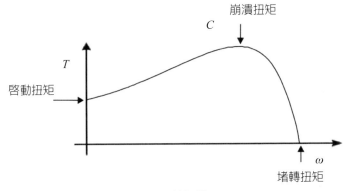

圖 6.11　轉矩範圍

6.5　啓動

　　多極感應電動機在靜止時也可以產生轉矩，通電即可自行起動。而常見的鼠籠式感應電動機啓動方式有直接啓動、降壓電抗器或是自耦變壓器啓動、Y-△ 切換啓動，近來也越來越多的感應電動機是用變頻器（VFD）啓動。

　　多極感應電動機的轉子銅條可以設計成不同的形狀，對應不同的速度－轉矩特性。轉子銅條內的電流分布會依感應電流的頻率而不同。在轉子靜止時，轉子電流的頻率和定子電流相同，而且會集中在轉子銅條的最外圍（集膚效應）。不同的轉子銅條除了對應不同的速度－轉矩特性外，也可以調整啓動時的湧浪電流。多極電動機在其本質上可以自行起動，但其啓動轉矩及最大轉矩的設計值需要夠大，以克服實際負載條件。

　　若是繞線轉子的感應電動機，轉子電路會透過集電環連到外部電阻，用電阻來調整加速或是速度控制需要的速度－轉矩特性。

6.6　速度控制

6.6.1　早期速度控制

　　早期速度控制主要是以改變電壓爲主，當電壓不同時，有相同的性能曲線與負載曲線的交點就不相同，如下圖所示，因此工作速度就不同。

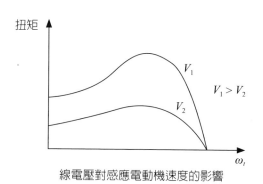

線電壓對感應電動機速度的影響

圖 6.12　電壓與速度關係

6.6.2 近代速度控制

保持一定的頻率，控制電壓大小會發現馬達的性能曲線會有共同的堵轉頻率，且當電壓愈大時會發現轉矩愈大。為了保護馬達電壓最高調整至額定電壓。當我們調整頻率愈大，從性能曲線圖會向右移。

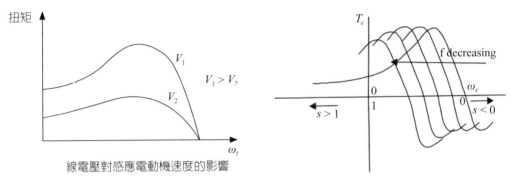

圖 6.13　電壓和頻率與速度關係

將兩者結合，若是在額定頻率下，控制頻率與電壓的比值成線性，則轉矩大小與頻率會一同增長。但是，當電壓大小上升至額定大小時，頻率增加電壓不變，於是轉矩與頻率成反比。一般在額定頻率下時，我們會提供額外的電壓使其可以在低速達到穩定的輸出扭矩。

有種控制方法稱為 Volt-Hz method，只要將頻率與電壓控制的比值，控制成一固定值就能在額定範圍下產生穩定轉矩。

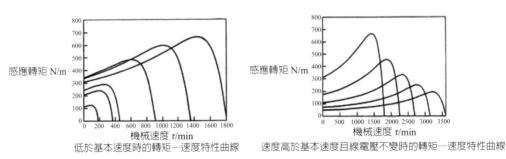

圖 6.14　扭矩─速度特性曲線

1. 變頻器

　　變頻器是可調速驅動系統的一種，是應用變頻驅動技術改變交流馬達工作電壓的頻率和幅度，來平滑控制交流馬達速度及轉矩，最常見的是輸入與輸出都是交流電的交流／交流轉換器。在變頻器出現之前，要調整馬達轉速的應用，需透過直流馬達才能完成，不然就是要透過利用內建耦合機的 VS 馬達，在運轉中用耦合機，使馬達的實際轉速下降，變頻器簡化上述的工作，縮小設備體積，大幅度降低維修率。不過變頻器的電源線及馬達線上面有高頻切換的訊號，會造成電磁干擾，而變頻器輸入側的功率因數一般不佳，會產生電源端的諧波。

　　變頻器驅動馬達的方式有很多，其中最簡單的是 V/f 純量控制，變頻器的輸出電壓和輸出頻率成正比，適用在定轉矩的負載中。例如 460V，60 Hz 的馬達，其電壓和頻率的比例為 460/60 = 7.67 V/Hz，電壓和頻率的關係稱為 V/f 曲線。有些 V/f 控制的變頻器有輸出電壓和輸出頻率平方成正比的曲線，或是多段可設定的 V/f 曲線。V/f 控制可以適用在許多簡單的應用中，但一些需要低速高轉矩、動態速度調整、位置控制或轉矩控制的高階應用中，較不適合使用 V/f 控制。另外二種常用的驅動技術分別是向量控制及直接轉矩控制（DTC），根據輸出電流及馬達轉速調整輸出電壓的大小及角度，目的是精準控制馬達的磁通及轉矩。變頻器的輸出是利用逆變器，用脈衝寬度調變（PWM）的方式輸出交流電壓，其中弦波 PWM（SPWM）是最直接調整馬達電壓及頻率的方式，在右圖上方，有大小及頻率均可調整的參考弦波訊號及鋸齒型的載波訊號，若參考信號超過載波，則輸出高電位，反之，則輸出低電位，即可產生一個脈衝寬度，隨時間變化的輸出訊號，輸出訊號在濾波後即接近弦波。變頻器的脈衝寬度調變除了 SPWM 外，還有其他的方式，其中空間向量調變（SVPWM）越來越受到歡迎。

2. 特徵曲線

　　區域 1：在低速運行區域中，電流在經過以下時間後，幾乎立即上升打開，因為反電動勢很小。可以透過以下方式，將電流設置為任何所需的水平調節器。隨著電動機速度的增加，反電動勢很快就可以與直流母線相媲美電壓，並且必須相位提前導通角，以便電流可以上升到下腰電動勢所需的水平。仍然可以通過 PWM 或斬波控制將最大電流強制輸入電動機保持最大扭矩產生。相位激勵脈衝也需要關閉在

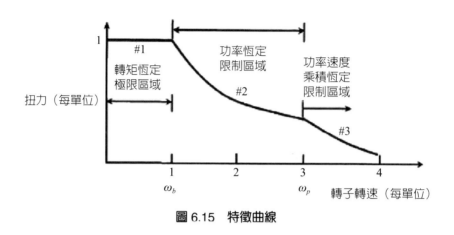

扭力（每單位）

#1
轉矩恆定
極限區域

功率恆定
限制區域

#2

功率速度
乘積恆定
限制區域

#3

1　　　　2　　　　3　　　　4
ω_b　　　　　　ω_p　　轉子轉速（每單位）

圖 6.15　特徵曲線

轉子經過對準之前一定的時間，以使續流電流衰減，從而使產生製動扭矩。

　　區域 2：在高速操作中，當反電動勢超過直流總線電壓時，電流開始一旦極點重疊開始減小，PWM 或斬波控制將不再可能。自然在固定電源電壓和固定導通角保持下工作時，SRM 的特性（也稱爲駐留角），開始於相勵磁時間與速度成反比地下降，當前也是如此。由於扭矩大致與電流的平方成正比，因此快速通過調節導通角可以抵消轉矩隨速度的下降，增加傳導角度增大輸送到相位有效安培。扭矩產生保持在一定水平透過用單脈沖模式，調整導通角停留在該區域中維持足夠高的運轉。控制器將轉矩保持與速度成反比，因此，該區域是稱爲恆定功率區域。維持恆定功率運行的中速範圍相當寬，並可以實現最高的速度。

　　區域 3：在轉子極距的一半處達到保壓上限。電週期。停留時間無法進一步增加，因爲通量不會恢復爲零，並且電流傳導將變得連續。該區域的扭矩由自然特性，下降爲 1/2。SRM 的轉矩—速度特性類似於 DC 串聯電機，這並不奇怪，考慮到反電動勢與電流成正比，而當前轉矩與電流的平方成正比。

第 7 章

感應馬達的驅動

　　感應馬達的驅動方式基本上可以分成純量控制與向量控制兩個方向，純量控制可以說就是 V/F 控制，而相量控制是將 3 相電流的維度縮減成控制磁通量與扭矩兩項，在向量控制方面又可以分成磁場向量控制與直接轉矩控制，向量控制大約在 1970 年代初期被學者提出。比較先被提出的是磁場向量控制，而直接轉矩控制大約在磁場定向控制出現之後 10 年才被提出。磁場定向控制法主要係利用座標軸轉換，將原先同步馬達互相耦合的非線性控制結構，轉換成解耦合的線性控制結構，使得轉矩與磁通能分別且獨立的控制，磁場導向控制是可變頻驅動機或可變速驅動機採用的其中一種方法，藉由控制電流來控制三相電動馬達的轉矩及速度。直接轉矩控制法就沒有那麼複雜，他直接採用量測到定子側的電壓以及電流，來進行轉矩與磁通的運算，大大的減少了解耦所需的座標轉換運算，本篇文章就以最簡單的純量控制的驅動方法做介紹。

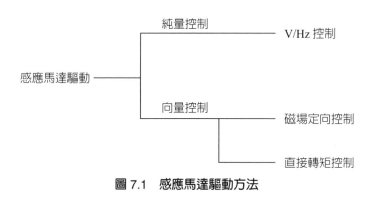

圖 7.1　感應馬達驅動方法

7.1　感應馬達速度控制迴路

　　下圖為 V/F 控制迴路，踏板的角度成比例地用於設定馬達轉速，且先經由 V/F 控制器得到所需的電壓與頻率，後利用動力電子轉換器調壓和逆變器調頻得到工作電壓與頻率，使馬達達到我們所需之轉速。

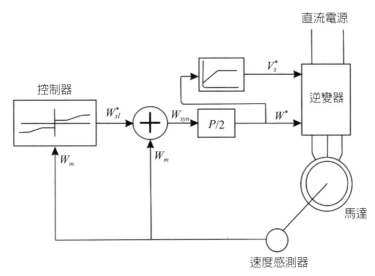

圖 7.2　V/F 控制迴路

7.2　驅動原理

7.2.1　升壓

　　升壓變換器的基本原理就是利用電抗器在電流變化時會產生或消除磁場，來抵抗電流的變化。在升壓變換器中，輸出電壓恆大於輸入電壓。

　　1. 當開關導通時（S-ON），電流以順時針的方向經過電感器，電感器開始產生磁場來儲存能量，電感器的左側為正極。

　　2. 當開關開路時（S-OFF），因為其阻抗較大，電流會下降，之前產生的磁場會慢慢減少，設法提供負載的電流。電感器的極性會倒轉（左側變為為負極）。因此二個電壓源會疊加，經過二極體來為電容器充電。

　　若開關切換的夠快，電感器在二次的充電之間，不會完全放電到零電壓，若開關開路時（S-OFF），負載會持續接收到比輸入電壓要大的電壓。此時和負載並聯的電容器也同時充電，若開關導通時（S-ON），二極體逆向偏壓無法導通，此時

就由電容器來提供負載電源。而且二極體也避免電容器透過導通的開關來放電。當
然開關需要很快的再開路，以免電容器放電過多。

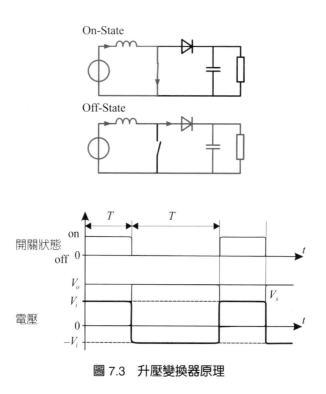

圖 7.3　升壓變換器原理

7.2.2　變頻

　　一般基礎的變頻方式為六步操作。六步操作是使用六開關逆變器產生交流電壓
的最簡單方法。為了便於分析，讓我們用理想的開關代替晶體管和二極管，這樣就
得到了簡化的等效逆變器電路。DC 電壓在此表示為 Vdc。

　　理想逆變器的特性是開關可以在兩個方向上傳輸電流，並且可能的開關狀態的
總數是 $2^6 = 64$。其中某些切換狀態是不允許的。例如，S1 和 S4 不能同時打開。
逆變器的操作可以分為 0 到 2Π 之間的六個間隔，每個間隔為 Π/3 持續時間。在每
個區間，三個開關打開，三個關閉。該操作稱為六步操作。

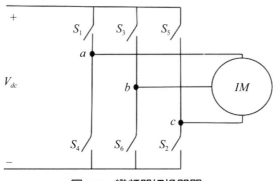

圖 7.4　變頻器切換開關

　　電子開關的門控信號和由此產生的六步操作輸出交流電壓。線－線電壓和線－中性電壓，即一相的電壓，在圖中示出。在三相電機中，使用三線製，其中線路端子 a，b 和 c 連接到電動機，中性端子 n 保持隱藏。線間電壓（即線電壓）和線間電壓（即相電壓）之間的關係如下：

$$V_{ab} = V_{an} - V_{an} \tag{7-1}$$

$$V_{bc} = V_{bn} - V_{cn} \tag{7-2}$$

$$V_{ca} = V_{cn} - V_{an} \tag{7-3}$$

$$V_{an} = -\frac{1}{3}[V_{bc} + 2V_{ca}] \tag{7-4}$$

$$V_{bn} = \frac{1}{3}[2V_{bc} - V_{ac}] \tag{7-5}$$

$$V_{cn} = -\frac{1}{3}[V_{bc} + V_{ac}] \tag{7-6}$$

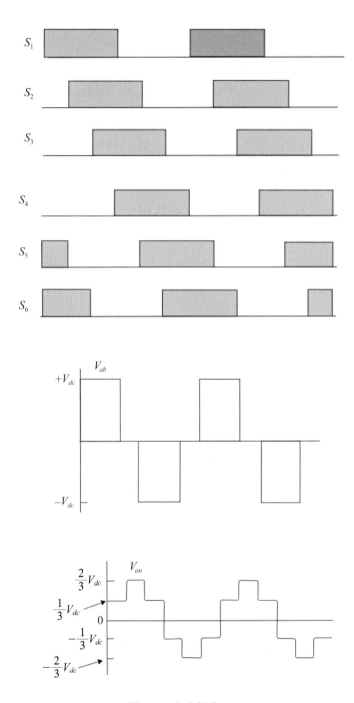

圖 7.5　六步操作

相電壓對於三相系統的每相分析是有用的。六步逆變器輸出的相電壓範圍可以使用上面公式導出。現在，問題是逆變器需要什麼類型的開關。我們首先考慮開關 S1。當 S1 關閉時，$V_{s1} = V_{dc}$。當 S1 打開時，S4 關閉。六步逆變器的 a 相電壓，如下圖所示。

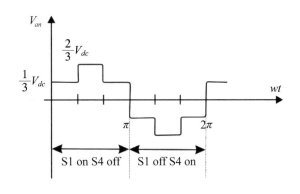

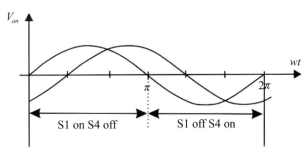

圖 7.6　電壓濾波與延遲

我們可以對輸出電壓進行濾波，使電源更順，就如同一正弦波。當供應感應負載（例如電動機）時，電源自然被過濾。只有電源的基本組成部分才能產生電磁轉矩。相電壓的基波分量和通過開關進入 A 相繞組的電流，只要改變開關開啓的時間就可以改變供給的頻率。

第 8 章

電動汽車建模

8.1　簡介

對於所有車輛，性能和範圍的預測很重要。電腦使得我們很容易做這些事。最重要的是，基於計算的方法可以讓我們快速試驗車輛的各個方面，如電機功率、電池類型和尺寸、重量等等，看看這些變化如何影響性能和範圍。在這一章當中我們將展示我們在前面章節中開發的方程式，如何放在一起進行非常準確和有用的模擬。此外，我們將展示如何在不使用編程技術的任何特殊知識的情況下，完成這項工作標準數學和電子表格程序，如 MATLAB 和 EXCEL 製作這些模擬的良好基礎。我們還將看到有一些功能電動汽車，使性能的數學建模更容易於其他車輛。

我們將建模的第一個參數是車輛性能。我們的意思是表現加速和最高速度，電動汽車享有盛譽的領域很差。任何電動汽車都必須具備允許它的性能，至少，要安全地融入普通的城市交通。許多人會爭辯說如果大規模銷售，性能應該至少與目前的 IC 引擎車輛一樣好。

另一個至關重要的是，我們必須能夠預測電動汽車的範圍。這也可以在數學上建模，計算程序就是這樣非常直截了當，我們開發的數學，將使我們能夠看到效果改變電池類型和容量，以及車輛的所有其他方面設計與範圍。這是車輛設計師必不可少的工具。

我們將繼續展示模擬產生的數據如何也可以產生其他數據，用於預測性能和範圍。例如，我們將看到數據如何關於電機扭矩和速度可以用來優化所涉及的妥協電機和其他子系統的設計。

8.2　牽引力

8.2.1　簡介

車輛性能建模的第一步是找出車體運動方程式中的牽引力。這是推動車輛前進，透過驅動輪傳遞到地面的力。

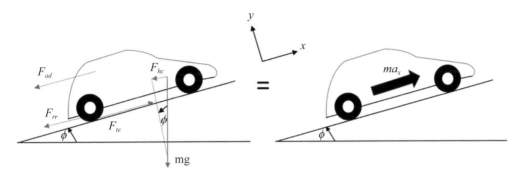

圖 8.1　行進中汽車的自由體圖及有效力圖

考慮一個質量為 m 的車輛，以速度 v 前進，向上傾斜角度 ϕ，如圖 8.1 所示。直觀而言，可由牛頓第二定律

$$F_x = ma_x$$

可得

$$F_{te} - F_{rr} - F_{ad} - F_{hc} = ma \qquad （8\text{-}1）$$

而推動車輛前進的力量，牽引力 F_{te} 必須克服以下這些問題：

　　1. 滾動阻力，

　　2. 空氣阻力，

　　3. 提供車輛重量沿著斜坡作用所需的力，

　　4. 如果速度不恆定，則加速車輛。

8.2.2　滾動阻力

　　滾動阻力主要是由於車輛輪胎在道路上的摩擦，軸承和齒輪系統的摩擦也起到了作用。滾動阻力為定值，與速度無關，與車輛重量成正比。等式如下：

$$F_{rr} = \mu_{rr}mg \qquad\qquad (8\text{-}2)$$

其中 μ_{rr} 是滾動阻力係數。控制 μ_{rr} 的主要因素是輪胎類型和輪胎壓力。任何騎自行車的人都會很清楚這一點，如果將胎壓升高，自行車的性能會變得更好，不過騎行可能不太舒服。

通過穩定地低速拉動車輛可以很容易地找到 μ_{rr} 的值，並測量所需的力。典型子午線輪胎的 μ_{rr} 值為 0.015，對於輪胎，而開發電動汽車的輪胎所需 μ_{rr} 值，則低至約 0.005。

8.2.3 空氣阻力

空氣阻力是由於車身在空氣中的摩擦而產生的。它取決於正面區域的形狀，諸如後視鏡，管道和空氣的突起通道，擾流板和許多其他因素。空氣阻力的公式為：

$$F_{ad} = \frac{1}{2}\rho A C_d V^2 \qquad\qquad (8\text{-}3)$$

其中 ρ 是空氣的密度，A 是正面區域，V 是速度。C_d 是阻力係數常數。通過良好的車輛設計可以減小阻力係數 C_d。一般轎車 C_d 為 0.3，但某些電動汽車的 C_d 值卻低至 0.19。在電動汽車的設計中，為了讓主要部件的位置具有更大的靈活性，較不會使用鉻金屬。但是，某些車輛，如摩托車或公車不可避免地會有更大的 C_d，而 C_d 值約為 0.7 或更大。

空氣密度會隨溫度、高度和溼度而變化，正常值為 1.25kg/m^3。在 SI 單位下的 A 為 m^2，F_{ad} 單位為牛頓。

8.2.4 爬坡力

爬坡力為車輛上坡所需的力，最容易計算。它是車輛重量沿斜坡作用的一部分。公式如下：

$$F_{hc} = mg\sin(\phi) \qquad\qquad (8\text{-}4)$$

8.2.5　加速度慣性力

　　如果車輛的速度在變化，很明顯是被施加力，除了圖 6.1 所示的力，加速度慣性力還提供線性加速度。但是，為了更準確地了解加速車輛所需的力，我們還應該考慮使旋轉零件更快旋轉所需的力。換句話說，由於電動機其較高的角速度，我們需要考慮旋轉加速度和線性加速度。

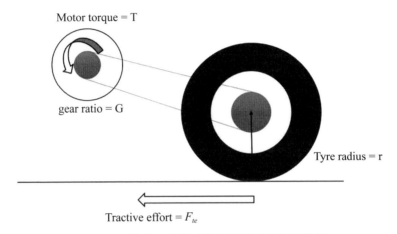

Motor torque = T

gear ratio = G

Tyre radius = r

Tractive effort = F_{te}

圖 8.2　用於將電動機連接到驅動輪的簡單裝置

　　如圖 8.2，車軸扭矩 = $F_{te}r$，其中 r 是輪胎的半徑，F_{te} 是動力總成的牽引力，G 是齒輪比，T 是電機扭矩，則

$$T = \frac{F_{te}r}{G} \qquad (8\text{-}5)$$

移項可得

$$F_{te} = \frac{G}{r}T$$

　　在為車輛性能開發最終方程式時，我們將再次使用該方程式。這邊需要注意的是：

由於角速度

$$\frac{v}{r}$$

所以電機角速度

$$\omega = \frac{v}{r}\,(\mathrm{rad}\cdot\mathrm{s}^{-1}) \qquad (8\text{-}6)$$

同樣，電機角加速度

$$\dot{\omega} = G\frac{a}{r}\,(\mathrm{rad}\cdot\mathrm{s}^{-2})$$

此角加速度所需的扭矩為：

$$T = IG\frac{a}{r}$$

I 是電動機轉子的慣性矩。上式與（8-5）式組合，可以找到提供角加速度（$F_{\omega a}$）所需的力，如下：

$$F_{\omega a} = \frac{G}{r}IG\frac{a}{r} = I\frac{G^2}{r^2}a \qquad (8\text{-}7)$$

在這些方程式中，我們假設齒輪系統是 100% 有效，不會造成任何損失。且由於系統通常很簡單，因此效率通常很高。但是，現實並不會是 100%，因此應該通過合併齒輪系統效率 η_g 得出方程式。公式（8-7）可以化簡為：

$$F_{\omega a} = I\frac{G^2}{\eta_g r^2}a \qquad (8\text{-}8)$$

該常數的典型值為 G/r 為 40，當前質量慣性矩為 0.025 kg · m²

這些適用於 30kW 的電動機，驅動一輛時速達 60 kph 的汽車轉速為 7,000 rpm。這樣一輛車可能重約 800 公斤。IG^2/r^2 項在這種情況下，公式（8-8）的值約為 40 kg。換句話說，角度由公式（8-8）給出的加速力通常會比線性由公式（8-4）給出的最大加速力。在這種特定（但合理的典型）情況下，它的比例會變小：

$$\frac{40}{800} = 0.05 = 5\%$$

經常會發現電動機 I 的慣性矩是未知的。在這種情況下，一個合理的近似值是將質量簡單地增加 5%。方程（8-4），而忽略 $F_{\omega a}$ 項。

8.2.6　總牽引力

考慮（8-8）式，我們將（8-1）式移項整理並做修正，可得總牽引力是所有這些力的總和：

$$F_{te} = F_{rr} + F_{ad} + F_{hc} + ma + F_{\omega a} \tag{8-9}$$

其中：

F_{rr} 是滾動阻力，由（8-1）式給出。

F_{ad} 是空氣動力阻力，由（8-2）式給出。

F_{hc} 是（8-3）式給出的爬山。

ma 是（8-4）式給出的線性加速度所需的力。

$F_{\omega a}$ 是賦予旋轉電機角加速度所需的力，由（8-8）式給出。如果車輛減速，ma 和 $F_{\omega a}$ 之值為負，且如果下坡，F_{hc} 為負。

8.3　建模車輛加速度

汽車或摩托車的加速度是關鍵的性能指標，無論有沒有使用標準措施。通常，從靜止加速到 60 mph 的時間，或者將給出 30 或 50 kph。電動汽車最接近此

類標準的是 0-30 kph 和 0-50 kph 時間，儘管並非所有車輛都提供這些時間。但實際模擬或測試中可以找到這樣的加速度數字。對於 IC 發動機車輛，這是在最大功率或「全開油門」（WOT）下完成的。同樣的，對於電動汽車，性能模擬是在最大扭矩下進行的。

電動機的最大扭矩為角速度的函數。在大多數情況下，低速時最大轉矩是一個常數，當電動機速度達到臨界值 ω_c 時，扭矩下降。對於有刷分流器或永磁直流發電機，扭矩跟速度呈線性關係。對於大多數其他類型的電動機，扭矩下降，以使功率保持恆定。

電動機的角速度取決於齒輪比 G 和齒輪的半徑，如上面的（8-6）式中所說的驅動輪 r。因此：

$$\text{For} \quad \omega < \omega_c \quad \text{or} \quad v < \frac{r}{G}\omega_c \quad \text{then} \quad T = T_{max}$$

一旦通過了恆定轉矩階段，即 $\omega \geq \omega_c$ 或 $v \geq r\omega_c/G$，則功率是恆定的，就像大多數無刷電機一樣，我們有：

$$T = \frac{T_{max}\omega_c}{\omega} = \frac{rT_{max}\omega_c}{Gv} \tag{8-10}$$

或轉矩根據線性方程式下降

$$T = T_0 - k\omega$$

當用（6-6）式，代替角速度時

$$T = T_0 - \frac{kG}{r}v \tag{8-11}$$

現在有了所需的方程式，可以將它們組合起來找到車輛的加速度。對於空氣密度為 $1.25\text{kg} \cdot \text{m}^{-3}$ 的水平地面上的車輛，（8-9）式變為：

$$F_{te} = \mu_{rr}mg + 0.625AC_dv^2 + ma + I\frac{G^2}{\eta_g r^2}a$$

將（6-5）式替換為 F_{te}，並注意到 $a = \frac{dv}{dt}$，則：

$$\frac{G}{r}T = \mu_{rr}mg + 0.625AC_dv^2 + \left(m + I\frac{G^2}{\eta_g r^2}\right)\frac{dv}{dt} \qquad （8\text{-}12）$$

由（8-10）和（8-11）式可以發現，電動機轉矩 T 是簡單函數的常數。因此，（8-13）式可以簡化為微分速度 v 的一階方程。我們可以用任意時間來得到對應的速度。

例如，在初始加速階段，當 $T = T_{max}$ 時，（8-12）式變為：

$$\frac{G}{r}T_{max} = \mu_{rr}mg + 0.625AC_dv^2 + \left(m + I\frac{G^2}{\eta_g r^2}\right)\frac{dv}{dt} \qquad （8\text{-}13）$$

如果所有常數都是已知的，或者可以合理估計的話，簡單的一階微分方程可以使用許多公式找到其解。

8.4　電動機車的加速度

我們用電動機車當例子，如下：

1. 電動踏板車的重量為 125 公斤，典型的乘客重量為 70 公斤，假設車＋人＋坐墊下的雜物或人有揹書包或拿公事包等等，總質量 $m = 200$ 公斤。

2. 電機的慣性矩未知，因此我們將採用建議的權宜之計，並在線性加速度項中將 m 增加 5%。因此，在方程式（6-13）的最後一項中 $\left(m + I\frac{G^2}{\eta_g r^2}\right)$ 的 m 用 210。

3. 阻力係數 C_d 估計為 0.75，這對於小型摩托車來說是一個合理的值。

4. 車輛和騎乘者的正面面積 = 0.6m^2。

5. 輪胎和車輪軸承的滾動阻力係數 $\mu_{rr} = 0.01$。

6. 電動機通過 2：1 傳動帶系統連接到後輪，後輪直徑是 42 厘米。因此，$G =$

2，$r = 0.21$ m。

7. 電動機是 18V Lynch 型電動機。其轉矩根據線性方程式下降的公式，已針對 18V 重新計算，得出：

$$T = 153 - 1.16\omega \qquad (8\text{-}14)$$

8. 最大電流由最大安全電流控制，為 250A，因此可得最大扭矩 T_{max} 為 34 N-m。

9. 臨界電動機轉速 ω_c，之後轉矩根據公式（8-14）下降發生在以下情況：

$$34 = 153 - 1.16\omega$$

$$\therefore \omega = 123.7\text{rad} \cdot s^{-1}$$

10. 齒輪系統非常簡單，傳動比很低，因此我們可以假設效率 η_g 為 0.98。這樣的效果將是減少扭矩，因此此因子將應用於扭矩。當扭矩恆定時，公式（6-13）變為：

$$\frac{2}{0.21} \times 0.98 \times 34 = 0.01 \times 200 \times 9.81 + 0.625 \times 0.6 \times 0.75v^2 + 210\frac{dv}{dt}$$

$$317.3 = 19.6 + 281v^2 + 210\frac{dv}{dt}$$

$$210\frac{dv}{dt} = 297.7 - 281v^2$$

$$\frac{dv}{dt} = 1.418 - 0.00134v^2 \qquad (8\text{-}15)$$

當 $\omega = \omega_c = 103\,\text{rad} \cdot s^{-1}$ 時，該方程式一直保持到轉矩開始下降為止。對應之速度為 $103 \times \frac{0.21}{2} = 10.8\text{m} \cdot s^{-1}$。在此之後，扭矩便會隨等式（6-14）變化。如果我們將其和其他常數代入方程式（6-12），獲得：

$$\frac{2}{0.21} \times 0.98 \times \left(153 - 1.16\frac{2}{0.21}v\right)$$

$$= 0.01 \times 200 \times 9.81 + 0.625 \times 0.6 \times 0.75v^2 + 210\frac{dv}{dt}$$

$$1428 - 103v = 19.6 + 281v^2 + 210\frac{dv}{dt}$$

$$\frac{dv}{dt} = 6.71 - 0.49v - 0.00134v^2 \qquad (8\text{-}16)$$

　　有許多實用且簡單的方法可以求解這些微分方程。記住有一個簡單的初始當 t=0 時 v=0 的條件。以 MATLAB 來求解方程式（8-15），程式碼如下：

```
>> t=linspace(0,50,501);
v=zeros(1,501);
d=zeros(1,501);
dT=0.1;
for n= 1:500
if v(n)<10.8
v(n+1) = v(n) + dT*(1.418 - (0.00134*(v(n)^2)));
elseif v(n)>=10.8
v(n+1)=v(n)+dT*(6.71-(0.49*v(n))-(0.00134*(v(n)^2)));
end;
d(n+1)=d(n) + 0.1*v(n);
end;
v=v.*3.6;
plot(t,v); axis([0 30 0 50]);
xlabel('Time/seconds');
ylabel('Vocity/kph');
title('Full power (WOT) acceleration of electric scooter');
```

仿真結果，如圖 8.3 所示。

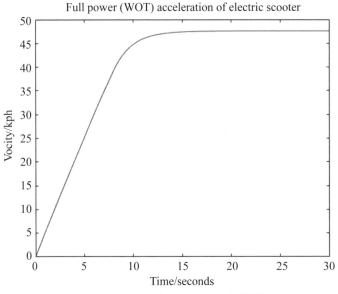

圖 8.3　電動車的速度／時間關係曲線圖

我們再輸入以下指令，可得位置與時間的關係圖。

```
plot(t,d); axis([0 15 0 100]);
xlabel('Time/seconds');
ylabel('Distance traved/m');
title('Full power (WOT) acceleration of electric scooter');
```

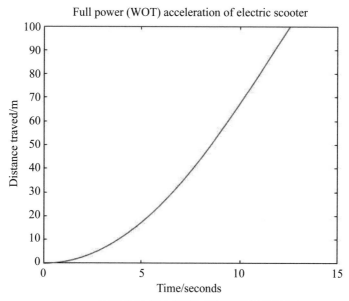

圖 8.4　電動車的行走距離／時間關係曲線圖

設計上，值得注意的是，該車有以下幾個性能指標。

1. 最高速度 47 kph，29.2mph。

2. 從靜止行駛至 10 公尺的時間，3.2 秒。

3. 從靜止行駛至 100 公尺的時間，12 秒。

第 9 章

能源種類

9.1 電化學電池

電化學電池，通常稱之為「電池」，是在充電過程中將電能轉換為潛在化學能，並在放電過程中將化學能轉換為電能的電化學裝置。

「電池」由堆疊在一起的幾個電池組成。電池是具有所有電化學特性的獨立且完整的單元。電池單元基本上由三個主要元素組成：兩個電極（正電極和負電極）浸入電解液中。

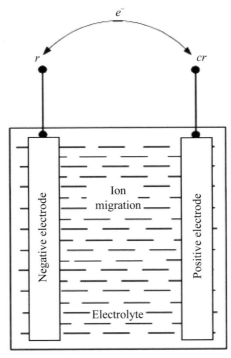

圖 9.1　一顆典型電化學電池

如圖 9.1 所示，電池製造商通常會指定電量為庫侖容量（安培小時）的電池，電量的定義是當電池從充滿電狀態放電，直到端子電壓降至其截止電壓時，所獲得的安培小時數。

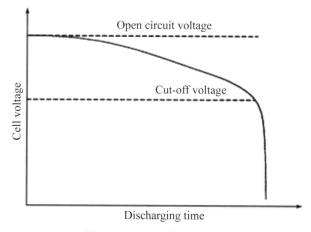

圖 9.2　電池的截止電壓圖

　　圖 9.2 應該注意的是，相同的電池在不同的放電電流速率下，通常具有不同的安培小時數。通常，隨著放電電流速率的增加，容量將變小。

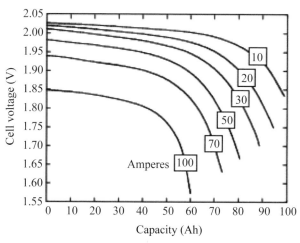

圖 9.3　鉛酸蓄電池的放電特性

　　如圖 9.3 所示。電池製造商通常會指定一個帶有多個安培小時數的電池，以及一個電流速率，例如，以 C5 速率標記為 100 Ah 的電池，在 5 小時放電速率下（放

電電流 100/5 = 20A）具有 100 安培小時的容量。

電池的另一個重要參數是充電狀態（SOC）。SOC 定義為剩餘容量與充滿電的容量之比。在此定義下，充滿電的電池的 SOC 為 100%，完全放電的電池的 SOC 為 0%。但是，術語「完全放電」有時會引起混淆，因為在不同的放電速率和不同的截止電壓下會有不同的容量（請參見圖 9-3）。SOC 在時間間隔 dt 中，隨放電或充電電流 i 的變化可以表示為

$$\Delta SOC = \frac{idt}{Q(i)} \qquad (9\text{-}1)$$

其中 $Q(i)$ 是當前速率 i 下電池的安培小時容量。對於放電，i 為正，對於充電，i 為負。因此，電池的 SOC 可以表示為

$$SOC = SOC_0 - \int \frac{idt}{Q(i)} \qquad (9\text{-}2)$$

其中 SOC_0 是 SOC 的初始值。對於電動汽車和混合動力汽車，能量容量被認為比庫侖容量（Ahs）更重要，因為它直接與車輛運行相關。從電池傳遞的能量可以表示為

$$EC = \int_0^t V(i, SOC)\, i(t)\, dt \qquad (9\text{-}3)$$

其中 $V(i, SOC)$ 是電池端子上的電壓，它是電池電流和 SOC 的函數。

9.1.1　電化學反應

簡單來說，它是當今汽車應用中最廣泛的電池技術，這裡以鉛酸電池為例子，來說明電化學電池的工作原理。鉛酸電池的作用原理是以硫酸水溶液作為電解，其電極由多孔鉛（Pb，陽極，負極）和多孔氧化鉛（PbO_2，陰極，正極）製成。放電的過程如圖 9-4(a) 所示，其中消耗了鉛，並形成硫酸鉛。陽極上的化學反應可以被寫成

$$Pb + SO_4^{2-} \rightarrow PbSO_4 + 2e^- \qquad （9-4）$$

該反應釋放兩個電子，從而在電極上產生過量的負電荷，該負電荷可通過電子透過外部電路流向正（陰極）電極進而消除。在正極，二氧化鉛（PbO_2）的鉛也轉化爲硫酸鉛（$PbSO_4$），同時形成水。其反應式可以表示爲：

$$PbO_2 + 4H^+ + SO_4^{2-} + 2e^- \rightarrow PbSO_4 + 2H_2O \qquad （9-5）$$

在充電過程中，陽極和陰極上的反應會反轉，如圖 9-4(b) 所示，其反應式可以表示爲：

陽極：$\quad PbSO_4 + 2e^- \rightarrow Pb + SO_4^{2-} \qquad （9-6）$

陰極：$\quad PbSO_4 + 2H_2O \rightarrow PbO_2 + 4H^+ + SO_4^{2-} + 2e^- \qquad （9-7）$

鉛酸電池中的整體的總反應可以表示爲：

$$Pb + PbO_2 + 2H_2SO_4 \underset{\text{charge}}{\overset{\text{discharge}}{\rightleftarrows}} 2PbSO_4 + 2H_2O \qquad （9-8）$$

整體：

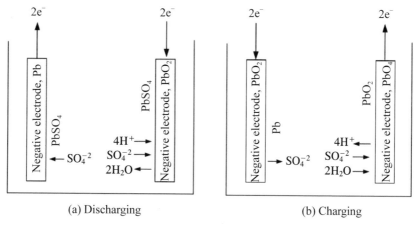

(a) Discharging　　　　　(b) Charging

圖 9.4　鉛酸電池的放電和充電過程中的電化學過程

鉛酸電池在標準條件下受電解液濃度的影響，電池電壓約為 2.03 V。

9.1.2 熱力學電壓

一顆電池內的熱力學電壓與反應中所釋放的能量和轉移的電子數目有密切關係。單位電池反應後所釋放的能量，可由吉布斯自由能 ΔG 得出，通常以每克分子表示

$$\Delta G = \Sigma_{Products} G_i - \Sigma_{Reactants} G_{j'} \qquad (9\text{-}9)$$

其中，G_i 是產物的物種 i 的自由能，$G_{j'}$ 是反應物的物種 j 的自由能。在可逆過程中，ΔG 可以完全轉換為電能，如下式

$$\Delta G = -nFV_{r'} \qquad (9\text{-}10)$$

其中 n 是反應中轉移的電子數，$F = 96495$，為法拉第常數，單位為 C/mol。$V_{r'}$ 是電池的可逆電壓。在標準條件（25℃溫度和 1 atm 壓力）下，電池單元的可逆電壓可以表示為

$$V_r^0 = -\frac{\Delta G^0}{nF} \qquad (9\text{-}11)$$

ΔG^0 是標準條件下吉布斯自由能的變化，在化學反應中，自由能的變化以及電池電壓的變化是溶液物種活動的函數。從下式及 ΔG 對反應物活性的依賴性，可得到能斯特關係式

$$V_r = V_r^0 - \frac{RT}{nF} \ln \left[\frac{\pi(activities\ of\ products)}{\pi(activities\ of\ reactants)} \right] \qquad (9\text{-}12)$$

R 是氣體常數 8.31 J/mol K，T 是絕對溫度 K。

9.1.3　比能

比能的定義為每單位電池重量的能量容量（Wh/kg）。理論比能是每單位電池反應物總質量可以產生的最大能量。如上所述，電池單元中的能量可以用吉布斯自由能 ΔG 表示。關於理論比能，僅涉及有效重量（反應物和產物的分子量）。

$$E_{spe,theo} = -\frac{\Delta G}{3.6\Sigma M_i} = \frac{nFV_r}{3.6\Sigma M_i} \text{ (Wh/kg)},\qquad（9\text{-}13）$$

其中 ΣM_i 是參與電池反應中的物質分子量之和。

以鉛酸電池為例，V_r =2.03V，$n = 2$ 和 $\Sigma M_i = 642$ g；然後是 $E_{spe,theo} = 170$ Wh/kg。從公式可以清楚地看出，理想的正負極為原子量較低的高電負度元素和高電正度元素。氫、鋰或鈉將是負極反應物的最佳選擇，而較輕的滷素，氧或硫將是正極反應物的最佳選擇。為了將這樣的材料放置在電池中，需要以活性材料設計電極以及與兩個電極中的材料相容的高電導率的電解質。這些限制導致氧氣和硫必須以氧化物和硫化物，而不是元素本身的形式使用。對於在環境溫度下操作，水性電解質由於其高電導率是適合的。在水性電解質中，鹼金屬不能用作電極，因為這些元素會與水反應。因此必須選擇其他具有適當正電性的金屬，例如鋅、鐵或鋁。考慮電極對時，最好排除地殼中含量低，生產昂貴或從健康或環境的角度來看不可接受的元素。對於可能的電極對已經有 30 多種不同的電池系統進行研究，以期開發出可靠、高性能、廉價的大功率電力。然而，實際的比能遠低於理論最大值。除了用於降低電池電壓，並阻止反應物充分利用的電極動力學和其他限制之外，還需要增加電池重量，但不參與能量產生反應的外殼材料。為了了解比能的實際值可能與理論值相差的程度，可以參考鉛酸電池的情況。

圖 9.5 顯示了設計成可提供 45 Wh / kg 的實際比能的鉛酸電池其各個組件的狀況。結果表明，電池總重量中只有約 26% 直接與產生電能有關。其餘部分由

1. 未在電動汽車操作使用的潛在反應物。
2. 用作電解質溶劑的水（僅使用硫酸的電池不適用）。
3. 用於收集電流的引線網格。

4.「頂部引線」，即端子、皮帶和電池間連接器。

5. 蓋子，連接器和隔板。

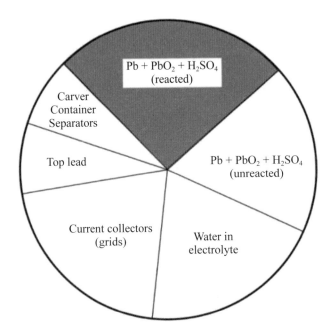

圖 9.5　鉛酸 EV 電池組件的重量分布在 C5／5 速率下比能量為 45 Wh／kg

9.1.4　比功率

　　比功率的定義為電池在短時間內，所產生每單位電池重量的最大功率。比功率對於減輕電池重量是非常重要的，尤其是在像 HEV 這種高功率需求應用。化學電池的比功率主要取決於電池的內部電阻。如圖 9-6 所示的電池模型，電池可以提供給負載的最大功率為

$$P_{peak} = \frac{V_0^2}{4(R_c + R_{int})} \tag{9-14}$$

其中 R_{ohm} 是導體電阻（歐姆電阻），R_{int} 是由化學反應引起的內部電阻。內部電阻

R_{int} 代表與電池電流相關的電壓降 ΔV。電壓降 ΔV（稱爲過電位電池術語）包括兩部分：一個是由反應活性 ΔV_A 引起的，另一個是由電解質濃度 ΔV_C 引起的。ΔV_A 和 ΔV_C 的一般表示式爲

$$\Delta V_A = a + b \log I \tag{9-15}$$

和

$$\Delta V_C = -\frac{RT}{nF} \ln\left(1 - \frac{I}{I_L}\right) \tag{9-16}$$

其中 a 和 b 爲常數，R 爲氣體常數，8.314 J/K mol，T 爲絕對溫度，n 爲反應中轉移的電子數，F 爲法拉第常數（每莫耳 96495 安培秒），然後 I_L 是極限電流。透過分析難以準確的確定電池電阻或電壓降，通常都是透過測量才得以獲得。電壓降隨放電電流的增加而增加，從而降低了其中的儲存能量（請參見圖 9.3）。

表 9.1　汽車應用電池系統的現狀

System	Specific Energy (Wh/kg)	Peak Power (W/kg)	Energy Efficiency (%)	Cycle Life	Self-Discharge (% per 48 h)	Cost (US$/kWh)
Acidic aqueous solution						
Lead/acid	35-50	150-400	>80	500-1000	0.6	120-150
Alkaline aqueous solution						
Nickel/cadmium	50-60	80-150	75	800	1	250-350
Nickel/iron	50-60	80-150	75	1500-2000	3	200-400
Nickel/zinc	55-75	170-260	65	300	1.6	100-300
Nickel/metal hydride	70-95	200-300	70	750-1200+	6	200-350
Aluminum/air	200-300	160	<50	?	?	?
Iron/air	80-120	90	60	500+	?	50

System	Specific Energy (Wh/kg)	Peak Power (W/kg)	Energy Efficiency (%)	Cycle Life	Self-Discharge (% per 48 h)	Cost (US$/kWh)
Zinc/air	100-220	30-80	60	600+	?	90-120
Flow						
Zinc/bromine	70-85	90-110	65-70	500-2000	?	200-250
Vanadium redox	20-30	110	75-85	—	—	400-450
Molten salt						
Sodium/sulfur	150-240	230	80	800+	0[a]	250-450
Sodium/nickel chloride	90-120	130-160	80	1200+	0[a]	230-345
Lithium/iron sulfide (FeS)	100-130	150-250	80	1000+	?	110
Organic/lithium						
Lithium-ion	80-130	200-300	>95	1000+	0.7	200

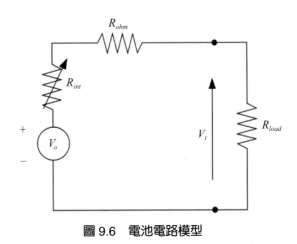

圖 9.6　電池電路模型

　　表 9.1 也顯示了可能適用於 EV 的電池系統的狀態。可以看出，儘管高級電池中的比能量很高，但還是必須提高比功率。估計約爲 300 W／kg。然而，SAFT 已經公布了其用於混合動力車的鋰離子高功率，比能量爲 85 Wh／kg，比功率爲 1350 W／kg，其用於電動汽車的高能量電池，功率分別爲 150 Wh／kg 和 420 W／kg，千克（SOC 爲 80%，電流 150 毫秒和 30 秒）。

9.1.5　能量效率

電池放電和充電過程中的能量或功率損耗，以電壓損耗的形式出現。因此，電池充放電的效率可定義爲電池工作電壓與熱力學電壓之比。

放電時

$$\eta = \frac{V}{V_0} \tag{9-17}$$

充電時

$$\eta = \frac{V_0}{V} \tag{9-18}$$

端電壓可表示爲電池電流和儲存能源或荷電狀態（SOC）的函數。在化學反應過程中，電池放電時，端電壓比電位低；充電時，端電壓比電位高。下圖顯示鉛酸蓄電池充電及放電的能量效率。鉛酸蓄電池在高荷電狀態下有較高的放電效率，淨循環在荷電狀態下有最大的效率。由於高溫會使電池受損，因此，油電混合車（HEV）的電池管理系統（BCU）應控制荷電狀態的中間範圍，可提高電池運作效率及抑制溫度上升。

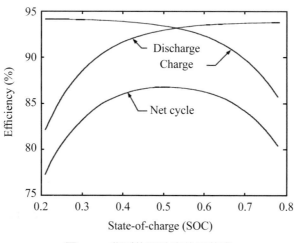

圖 9.7　典型的電池充放電效率

9.1.6　電池技術

現今的純電動車及油電混合車的電池，包含鉛酸蓄電池和含鎳離子的電池，像是鎳鐵、鎳鉻和有鎳金屬的氫化物電池，含鋰離子的電池像是鋰聚合物電池、鋰鐵電池。

因為鉛酸蓄電池的生產成本較低，且其瞬間放電強、使用溫度範圍廣等優點，使得鉛酸蓄電池仍是主流電池，但其能量密度、體積、重量和循環壽命等性能表現不佳，且有環保問題，因此長期來看，鉻離子和鋰離子電池將有機會替代鉛酸蓄電池成為純電動車及油電混合車的電池。

1. 鉛酸電池

鉛酸電池在一個多世紀以來一直是成功的商業產品，至今仍被廣泛用作汽車領域和其他應用中的電能儲存。它的優點是低成本、技術成熟、相對高的功率能力，以及良好的週期。這些優勢使其成為優先考慮高功率的混合動力汽車的好選擇。與更先進的材料相比，所使用的材料（鉛、氧化鉛、硫酸）成本相當低。鉛酸電池也有幾個缺點，鉛酸電池的能量密度低，主要是因為鉛的分子量高；溫度特性差，低於 $10°C$ 時，其功率係數和比能將大大降低。這方面嚴重限制了鉛酸電池在寒冷氣候下，用作車輛能源的應用。內含高腐蝕性硫酸使得其對於乘客來說是潛在的安全隱患。放電反應所釋放的氫氣也是另一個潛在的危險，因為即使濃度很小，這種氣體也極易燃燒。對於密封電池，氫的排放也是一個問題。實際上，為了防止酸洩漏，必須將電池密封，使得反應產生的氣體存在於電池中。結果，可能在電池中累積壓力，從而導致外殼和密封件膨脹和機械約束。電極中的鉛由於其毒性而成為環境問題。在使用鉛酸電池的過程中，如果發生車禍可能會導致電解液從裂縫中溢出，或在電池壽命結束時進行處理時，可能會發生鉛的排放。性能更加良好的不同的鉛酸電池，已被使用於近期的電動汽車和混合動力汽車。密封的鉛酸電池比能已經能超過 40 Wh／kg，並具有快速充電的可能性。這些先進的密封鉛酸電池之一是 Electrosource 的 Horizon 電池。它採用導線編織水平板，因此具有高比能（43 Wh／kg）、高功率比（285 W／kg）、長循環壽命（在道路電動汽車應用中可循環 600 次以上）、快速充電能力（8 分鐘內達到 50% 的容量，不到 30 分鐘內達到

100%）、低成本（每輛電動車 2,000-3,000 美元）、機械堅固性強（水平板的堅固結構）、不需保養（密封電池技術）、環保。其他先進的鉛酸電池技術包括雙極設計和微管網格設計，已經開發出更加先進的鉛酸電池來彌補這些缺點，透過減少諸如外殼、集電器、隔板等非活性物質，增加了比能。以成本爲代價，將使用壽命增加了 50% 以上。通過設計吸收氫和氧的電化學處理，已經改善並解決了安全方面的問題。

2. 鎳基電池

鎳是一種比鉛更輕的金屬，並且有非常好的電化學性能可以用於電池應用所需。鎳基電池技術基本上可分爲四種：鎳鐵、鎳鋅、鎳鎘和鎳金屬氫化物。

(1) 鎳鐵系統

鎳鐵系統在 20 世紀初期被商業化。其應用包括叉車、礦山機車、穿梭車、鐵路機車和機動手推車。這個系統包括羥基氧化鎳（III）正極和金屬鐵負極。電解質包含了有氫氧化鋰（50 g/l）和氫氧化鉀（通常爲 240 g/l）的濃溶液。電池反應在表 9-2 中可以得到，其定義上的開路電壓爲 1.37V。鎳鐵電池本身有放氣、腐蝕和自放電的困擾，但這些問題在進入市場前的模型中已大部分解決。由於需要保持水位並安全處理放電過程中釋放的氫氣和氧氣，因此這類電池是很複雜的。雖然溫度對於鎳鐵電池的影響比鉛酸電池要少，但也會遭受低溫的影響。最後，鎳的成本也明顯高於鉛。

(2) 鎳鎘系統

鎳鎘系統使用與鎳鐵系統相同的正極和電解質，並結合金屬鎘負極。電池反應在表 9-2 中可以得到，其定義上的開路電壓爲 1.3V。從歷史上看，電池的發展與鎳鐵的發展同步，並且它們具有類似的性能。

鎳鎘技術已經有了巨大的進步，由於其高比功率（超過 220 W/kg）、循環壽命長（高達 2000 個循環）、對電氣和機械濫用具有較高的承受能力、放電電流範圍廣、快速充電能力（18 分鐘內約 40% 至 80%）、寬工作溫度（40 至 85℃）、低自放電率（每天 0.5%）、出色的長期儲存等等各種的優點，由於腐蝕可忽略不計，並且具有各種尺寸的設計。然而，鎳鎘電池具有一些缺點，包括較高的初始成本，相對較低的電池電壓以及鎘的致癌性和環境危害。

　　鎳鎘電池一般可分為兩大類：排氣型和密封型。排氣型有較多種選擇，帶氣孔的燒結板是較為新穎的發展，具有較高的能量比，但價格較高，它的特點是放電電壓分布平均，具有高電流率和低溫性能。密封的鎳鎘電池具有特定的電池設計功能，可防止在過充期間因放氣而在電池中積聚壓力。因此，電池不需要特別維護。

　　用於 EV 和 HEV 的鎳鎘電池主要製造商是 SAFT 和 VARTA。近期由鎳／鎘電池供電的電動汽車包括 Chrysler TE Van、Citroën AX、Mazda Roadster、三菱電動汽車、標致 106 和雷諾 Clio。

(3) 鎳金屬氫化物（Ni-MH）電池

　　自 1992 年以來，鎳氫電池就已進入市場。其特性與鎳鎘電池相似，它們之間的主要區別在鎳氫電池是使用吸收金屬氫化物中的氫，代替鎘作為活性負極材料。由於與鎳鎘相比，它具有更高的能量比，並且沒有毒性或致癌性，因此漸漸的，鎳氫電池取代了鎳鎘電池。鎳氫電池的總體反應式為：

$$MH + NiOOH \leftrightarrow M + Ni(OH)_2 \qquad (9\text{-}19)$$

　　當電池放電時，負極中的金屬氫化物被氧化以形成金屬合金，並且正極中的羥基氧化鎳被還原為氫氧化鎳。反之，在充電期間，發生逆反應。

　　目前，鎳氫電池技術的定義電壓為 1.2 V，比能量為 65 Wh／kg，比功率為 200 W／kg，鎳氫電池的關鍵組成成分是儲氫金屬合金，其配方旨在獲得在大量循環中穩定的材料，這類金屬合金有兩種主要類型。基於鑭鎳的稀土合金，稱為 AB_5，以及由鈦和鋯組成的合金，稱為 AB_2，AB_2 合金比 AB_5 合金具有更高的容量。然而，由於 AB_5 合金有更好的電荷保持性和穩定性，目前的趨勢是使用 AB_5 合金。然而，這種電池仍有高昂的初始成本的困擾。同樣的，它可能具有記憶效應，並且可能會放熱。

　　鎳氫電池已被認為是 EV 和 HEV 近期應用的主要選擇，許多電池製造商，例如 GM Ovonic、GP、GS、Panasonic、SAFT、VARTA 和 YUASA，都積極從事這種電池技術的開發，尤其是為電動汽車和混合動力汽車供電，自 1993 年以來，Ovonic 電池就在 Solectric GT Force EV 中安裝了鎳氫電池，用以進行測試和演示，

一個 19 千瓦／小時的電池可提供 65 瓦時／公斤、134 公里／小時的動力，並可以在 14 秒內從零加速到 80 公里／小時，城市行駛里程爲 206 公里。Toyota 和 Honda 在其混合動力汽車中分別使用了鎳氫電池－Prius 和 Insight。

3. 鋰基電池

鋰是所有金屬中最輕的，從電化學的角度來看鋰具有良好的特性。事實上，它能承受非常高的熱力學電壓，導致具有非常高的能量密度和比功率。鋰基電池主要發展的兩項技術：鋰離子聚合物電池和鋰離子電池。

(1) 鋰離子聚合物電池

鋰離子聚合物電池是用鋰金屬和過渡金屬之間加入化合物（M_yO_z）當作正負極，而電解質則可以使用固態或膠態高分子電解質，或是有機電解液。在充放電過程中，Li^+ 在兩個電極之間往返穿梭。充電狀態時，Li^+ 從正極離開，經過電解質進到負極，負極處於富鋰狀態，放電時則相反。其電化學反應式如下

$$xLi + M_yO_z \leftrightarrow L_iM_yO_z \qquad\qquad (9\text{-}20)$$

鋰聚合物電池的電解質可分爲三種：(1) 凝膠聚合物電解質（GPE）：它是在固體聚合物電解質中加入添加劑提高離子電導率，使電池可在常溫下使用。(2) 固體聚合物電解質（SPE）：電解質爲聚合物與鹽的混合物，在常溫下的離子電導率低，適於高溫使用。(3) 複合凝膠聚合物（CGPE）正極材料，利用導電聚合物作爲正極材料，可比原鋰離子電池提高更多的能量。

鋰聚合物電池中以氧化釩作爲正極材料，鋰箔作爲負極是現在受歡迎的電池，它的優點是有非常低的自放電率（每月 0.5%），能放在各種形狀和尺寸，加上固體電解質可以降低了鋰的活性，因此設計上很安全。缺點則是因離子導電率受溫度影響，在低溫時則表現較差。

(2) 鋰離子電池

自 1991 年首次發表鋰離子電池以來，鋰離子電池技術得到了空前的發展，如今已被認爲是未來最有希望的可充電電池。儘管仍處於開發階段，但鋰離子電池已經應用於電動車輛和油電混合車。鋰離子電池使用鋰化碳插層材料（Li_XC）代替金

屬鋰，使用鋰化過渡金屬插層氧化物（$Li_{1-x}M_yO_z$）代替正極，使用液態有機溶液或固體聚合物作爲電解質。鋰離子在放電和充電過程中，會透過正極和負極之間的電解質移動。一般的電化學反應描述爲

$$Li_XC + Li_{1-x}M_yO_z \longleftrightarrow C + LiM_yO_z \tag{9-21}$$

放電時，鋰離子從負極釋放出來，通過電解質移動，並被正極吸收。在充電時，該過程相反。可能的正極材料包括 $Li_{1-x}CoO_2$、$Li_{1-x}NiO_2$ 和 $Li_{1-x}Mn_2O_4$，它們具有在空氣中穩定、高電壓和反應可逆的優點。Li_XC 與 $Li_{1-x}NiO_2$ 類型（通常簡稱爲 C 與 $LiNiO_2$ 或鎳基鋰離子電池）的標準電壓爲 4 V，比能爲 120 Wh／kg，能量密度爲 200 Wh／l，比功率爲 260 W／kg。鈷基類型具有較高的比能量和能量密度，但是成本較高並且自放電率顯著提高。錳基類型的成本最低，其比能和能量密度介於鈷基和鎳基類型之間。可以預期的是，由於錳基材料的低成本、地殼含量高和環保性，鋰離子電池的開發將最終轉向錳基類型。SAFT、GS Hitachi、Panasonic、SONY 和 VARTA 等許多電池製造商都積極從事鋰離子電池的開發。從 1993 年開始，SAFT 專注於研發鎳基鋰離子電池。SAFT 報導的鋰離子高功率電池於油電混合車應用的發展，達到 85 瓦時／公斤比能量和 1350 W／kg 的比功率。他們還宣布了用於電動汽車的高能電池，分別約爲 150 Wh／kg 和 420 W／kg（在 80% 電量，150 安培和 30 sec 時）。

9.2　超級電容器

　　由於電動汽車和混合動力汽車的頻繁停止與行進，儲能器的放電和充電曲線變化很大。能量儲存所需的平均功率遠低於加速和爬坡所需在較短持續時間的峰值功率。峰值功率與平均功率之比可以超過 10：1。實際上，加速和減速瞬間過程中涉及的能量大約是城市駕駛中整個總能量消耗的三分之二。在混合動力汽車的設計中，儲能器的峰值功率容量比其儲能容量更重要，並且通常會因其尺寸而減小。基於當前的電池技術，電池設計必須在比能量和比功率與循環壽命之間進行衡量。難

以同時獲得高比能量、比功率和循環壽命的高值，因此產生了一些解決方案，即電動汽車和混合動力汽車的儲能系統應該是能源和電源的混合體。能源，主要是電池和燃料電池，具有較高的比能量，而電源具有較高的比功率。而超級電容器便是備受關注的電源。

9.2.1　超級電容器的特點

與化學電池相比，超級電容器的特點是比功率較高，但比能量較低。它的比能在每千克幾瓦特小時的範圍內。但是，其比功率可以達到 3 kW/kg，遠高於任何類型的電池。由於它們的低比能量密度和電壓對 SOC 的依賴性，很難將超級電容器單獨用作 EV 和 HEV 的儲能器。然而，使用超級電容器作為輔助電源可以帶來許多優勢，其中一種有前瞻的應用是用於電動汽車和混合動力汽車的所謂電池和超級電容器混合儲能系統，可以將特定能量和特定功率要求分離，從而提供了一機會去設計針對特定能量和循環壽命進行優化的電池，而較少留意特定功率。由於超級電容器的負載均衡作用，使得從電池的大電流放電和通過再生製動，對電池的大電流充電被最小化，從而可以顯著增加電池的可用能量、耐久性和壽命。

9.2.2　超級電容器的基本原理

雙層電容器的技術是實現超級電容器概念的主要方法。而雙層電容器的基本原理，如圖 7.8 所示。當兩支碳棒浸入稀硫酸溶液中，彼此分開並充電從 0 到 1.5V 的電壓當中，到 1V，幾乎沒有發生任何反應。然後在略高於 1.2V 的電壓下，兩個電極的表面都會出現一個小氣泡。從電壓高於 1V 的氣泡可以看出水的電分解，在分解電壓以下，當電流不流動時，則會在電極和電解質的邊界處出現「雙電層」，電子在雙層上充電並用於電容器。

雙電層僅在分解電壓以下才會作絕緣體。儲存的能量 E_{cap} 表示為

$$E_{cap} = \frac{1}{2} CV^2 \qquad (9\text{-}22)$$

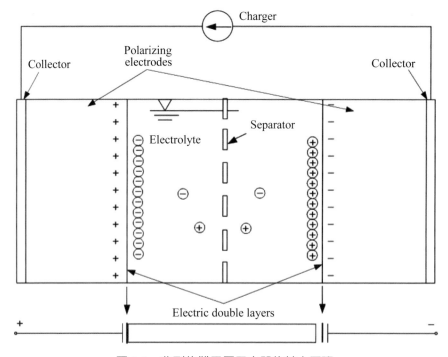

圖 9.8　典型的雙電層電容器的基本原理

其中 C 是法拉第的電容，V 是可用電壓的伏特。該方程式告訴我們，較高的額定電壓 V 對於較大的能量密度電容器是理想的。到目前為止，電容器的含電解質水溶液額定電壓約為每節電池0.9 V，而含非水電解質的電容器額定電壓為2.3至3.3V。

　　在電容器中使用雙電層代替塑料或氧化鋁膜具有很大的優勢，因為雙電層非常薄，就像一個沒有針孔的分子一樣薄，並且單位面積的容量非常大，大約 2.5 至 5 $\mu F/cm^2$。

　　即使獲得這些單位面積，使用鋁箔時電容器的能量密度也不大。為了增加電容，電極由具有很大面積的特定材料製成，例如活性炭，以表面積為 1,000 至 3,000 m^2/g 而聞名，離子被吸附到那些表面，並產生 50 F/g（1,000 m^2/g * 5F/cm^2 * 10,000 cm^2/m^2 = 50 F/g），假設添加相同重量的電解質，則 25F/g 是相當大的容量密度，然而，這些電容器的能量密度遠小於二次電池。目前，超級電容器的典型比能約為 2 Wh/kg，僅為典型鉛酸電池可用值的 40 Wh/kg 的 1/20。

9.2.3　超級電容器的性能

　　超級電容器的性能可以通過在放電和充電期間，不同電流速率的端電壓來表示。電容器中有三個參數：電容本身（其電勢 VC）、串聯電阻 R_s 和電介質洩漏電阻 RL，如圖 9-9 所示。放電期間超級電容器的端電壓可以表示為

$$V_t = V_C - iR_s \qquad （9\text{-}23）$$

電容器的電勢可以表示為

$$\frac{dV_C}{dt} = -\left(\frac{i + i_L}{C}\right) \qquad （9\text{-}24）$$

其中 C 是超級電容器的電容。另一方面，洩漏電流 i_L 可以表示為

$$i_L = \frac{V_c}{R_L} \qquad （9\text{-}25）$$

將（9-22）代入（9-21），可以得到

$$\frac{dV_C}{dt} = \frac{V_c}{CR_L} - \frac{i}{C} \qquad （9\text{-}26）$$

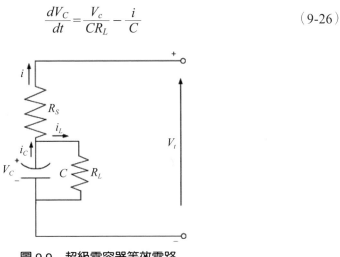

圖 9.9　超級電容器等效電路

超級電容器電池的端電壓可以用圖 7.10 所示的圖表示。（7.26）的解析解為

$$V_C = \left[V_{C0} \int_0^t \frac{i}{C} e^{t/CR_L} dt \right] e^{t/CR_L} \qquad (9\text{-}27)$$

i 是放電電流，它是實際操作中時間的函數。Maxwell 2600 F 超級電容器的放電特性，如圖 9-11 所示。在不同的放電電流速率下，電壓隨放電時間線性降低。在較大的放電電流速率下，電壓的下降要比在較小的電流速率下快得多。

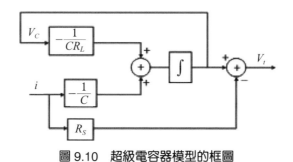

圖 9.10　超級電容器模型的框圖

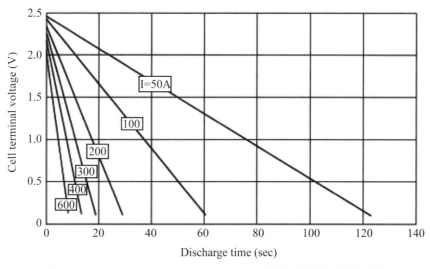

圖 9.11　2600 F Maxwell Technologies 超級電容器的放電特性

　　可以使用相似的模型來描述超級電容器的充電特性，感興趣的讀者可以自己進行分析和模擬。放電和充電的操作效率可以表示為：

放電：
$$\eta_d = \frac{V_t I_t}{V_c I_c} = \frac{(V_c - I_t R_s)I_t}{V_c(I_t + I_L)}$$
（9-28）

充電：
$$\eta_d = \frac{V_c I_c}{V_t I_t} = \frac{V_c(I_t - I_L)}{(V_c + I_t R_s)I_t'}$$
（9-29）

其中 V_t 是端子電壓，它是輸入到端子或從端子輸出的電流。在實際操作中，洩漏電流 I_L 通常很小（幾 mA），可以忽略不計。因此，上述等式可以改寫為：

放電：
$$\eta_d = \frac{(V_c - R_s I_t)}{V_c} = \frac{V_t}{V_c}$$
（9-30）

充電：
$$\eta_d = \frac{V_c}{V_c + R_s I_t} = \frac{V_c}{V_t}$$
（9-31）

上述方程式可以說明，超級電容器中的能量損失是由串聯電阻造成的。如圖 9.12 所示，高電流速率和低電池電壓會使效率降低。

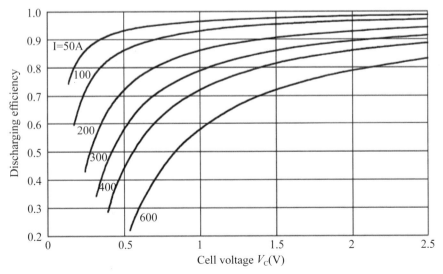

圖 9.12　2600 F Maxwell Technologies 超級電容器的放電效率

因此，在實際操作中，超級電容器應保持在其高壓區域，超過其額定電壓的 60%。超級電容器可以通過以一定電壓水平充電來存取能量，也就是說，

$$E_c = \int_0^t V_c I_c dt = \int_0^v CV_c dV_c = \frac{1}{2} CV_c^2 \qquad (9\text{-}32)$$

其中 V_c 是電池電壓（單位爲 V）。在額定電壓下，超級電容器中儲存的能量達到最大值。

公式（9-31）表明，增加額定電壓可以顯著增加儲存能量的速度，因爲能量隨電壓的平方增加。在實際操作中，由於低 SOC（低電壓）中的低功率，不可能完全利用儲存的能量。因此，通常給超級電容器一個底部電壓 V_{Cb}，低於該電壓，超級電容器將停止輸送能量。因此，可用的能量小於其完全充電的能量，可以表示爲

$$E_u = \frac{1}{2} (V_{CR}^2 - V_{Cb}^2) \qquad (9\text{-}33)$$

其中 V_{CR} 是超級電容器的額定電壓。在其最低電壓下，SOC 可以寫爲

$$SOC = \frac{0.5 CV_{Cb}^2}{0.5 CV_{CR}^2} = \frac{V_{Cb}^2}{V_{CR}^2} \qquad (9\text{-}34)$$

例如，當電池電壓從額定電壓下降到額定電壓的 60% 時，可以使用總能量的 64%，如圖 9.13 所示。

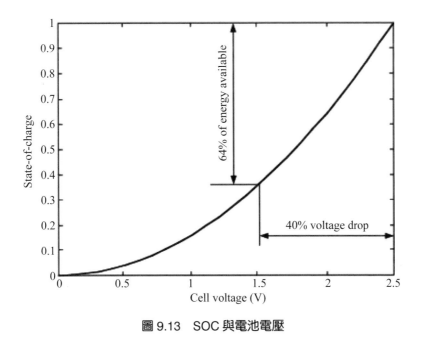

圖 9.13　SOC 與電池電壓

9.2.4　超級電容器的技術

根據美國能源部設定要在電動汽車和混合動力汽車中，加入超級電容器的目標，近期的比能量和比功率應分別優於 5 Wh/kg 和 500 W/kg，而較先進的性能值應超過 15 Wh/kg 和 1600 W/kg。到目前為止，沒有可用的超級電容器能夠完全滿足這些目標，儘管如此，有一部分公司仍積極從事用於 EV 和 EHV 應用的超級電容器的研究與開發。Maxwell Technologies 宣稱其功率 BOOSTCAP® 超級電容器電池（2.5V 時為 2600F）和集成模塊（42V 時為 145F，14V 時為 435F）已投入生產。表 9.2 列出了技術規格。

表 9.2　Maxwell Technologies 超級電容器電池和集成模塊的技術規格

	BCAP0010 (Cell)	BMOD0115 (Module)	BMOD0117 (Module)
Capacitance (farads, −20%/+20%)	2600	145	435
maximum series resistance ESR at 25°C(mΩ)	0.7	10	4
Voltage (V), continuous (peak)	2.5 (2.8)	42 (50)	14 (17)
Specific power at rated voltage (W/kg)	4300	2900	1900
Specific energy at rated voltage (Wh/kg)	4.3	2.22	1.82
Maximum current (A)	600	600	600
Dimensions (mm) (reference only)	60×172 (Cylinder)	195×165×415 (Box)	195×265×145 (Box)
Weight (kg)	0.525	16	6.5
Volume (l)	0.42	22	7.5
Operating temperature[a] (°C)	−35 to +65	−35 to +65	−35 to +65
Storage temperature (°C)	−35 to +65	−35 to +65	−35 to +65
Leakage current (mA) 12 h, 25°C	5	10	10

[a]Steady-state case temperature.

9.3　超高速飛輪

　　飛輪以機械形式儲存能量並不是一個新的概念，25 年前，瑞士的歐瑞康工程公司製造了第一台僅由大型飛輪提供動力的客車，該飛輪重 1,500 公斤，以 3,000rpm 的轉速運行，並在通過每個巴士站時進行充電。傳統的飛輪是一個大型的鋼製轉子，重達數百公斤，旋轉速度爲幾百轉／分，反之，先進的飛輪是一種輕巧的複合材料轉子，重達幾十公斤，轉速爲 10,000 rpm，這就是所謂的超高速飛輪。超高速飛輪的概念主要爲滿足電動汽車和混合動力汽車嚴格的儲能要求的可行方法，即高比能量、高比功率、長循環壽命、高能量效率、快速充電、免維護的特性，具有成本效益和環境友好性。

9.3.1　飛輪的工作原理

旋轉的飛輪以動能形式儲存能量，可表示為：

$$E_f = \frac{1}{2} J_f \omega_f^2 \qquad\qquad （9\text{-}35）$$

其中 J_f 是飛輪的慣性矩，單位為 kg · m²/sec，ω_f 是飛輪的角速度，單位為 rad/sec。公式（9-32）表明，提高飛輪的角速度是增加其能量容量，並減小其重量和體積的關鍵方法，目前，某些原型已經達到了 60,000 rpm 以上的速度。

在當前的技術中，由於需要具有大齒輪比變化範圍的連續變速傳動裝置（CVT），因此難以直接利用飛輪中儲存的機械能來推進車輛。所以通常使用的方法是將電機直接或透過變速器耦合至飛輪，以構成所謂的機械電池，用作能量輸入和輸出端口的電機，將機械能轉換為電能，反之亦然，如圖 9.14 所示。

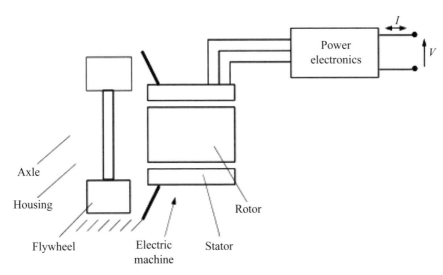

圖 9.14　典型飛輪系統（機械電池）的基本結構

公式（9-35）表明，飛輪中儲存的能量與飛輪的慣性矩和飛輪轉速的平方成正比。輕型飛輪的設計應通過適當設計其幾何形狀，來實現單位質量和單位體積的慣

性矩。飛輪的慣性矩可以通過以下公式計算：

$$J_f = 2\pi\rho \int_{R_1}^{R_2} W(r) r^3 dr \qquad (9\text{-}36)$$

其中 ρ 是材料的質量密度，$W(r)$ 是飛輪的寬度，它對應於半徑 r，如圖 9-15 所示。飛輪的質量可以通過下式計算：

$$M_f = 2\pi\rho \int_{R_1}^{R_2} W(r) r \, dr \qquad (9\text{-}37)$$

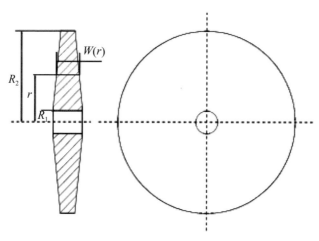

圖 9.15　典型飛輪的幾何形狀

因此，飛輪的比慣性矩定義為每單位質量的慣性矩，可表示為

$$J_{fs} = \frac{\int_{R_1}^{R_2} W(r) r^3 dr}{\int_{R_1}^{R_2} W(r) r dr} \qquad (9\text{-}38)$$

7.35 式子說明飛輪的比慣性矩與材料的質量密度無關，只和幾何形狀 $W(r)$ 有關，若飛輪的寬長度相同，則慣性矩為

$$J_f = 2\pi\rho(R_2^4 - R_1^4) = 2\pi\rho(R_2^2 + R_1^2)(R_2^2 - R_1^2) \qquad (9\text{-}39)$$

比慣性矩為

$$J_{fs} = R_2^2 + R_1^2 \qquad (9\text{-}40)$$

然而，每單位體積的慣性矩與材料的質量密度有關，飛輪的體積可以假設為

$$V_f = 2\pi \int_{R_1}^{R_2} W(r)r\,dr \qquad (9\text{-}41)$$

體積密度的慣性矩可表示為

$$J_{fV} = \frac{\rho \int_{R_1}^{R_2} W(r)r^3\,dr}{\int_{R_1}^{R_2} W(r)r\,dr} \qquad (9\text{-}42)$$

若飛輪的寬長度相同，則體積密度的慣性矩為

$$J_{fV} = \rho(R_2^2 + R_1^2) \qquad (9\text{-}43)$$

9.3.2 飛輪系統的功率

飛輪的作功可以從 9-35 式中對時間微分，亦即

$$P_f = \frac{dE_f}{dt} = J_f \omega_f \frac{d\omega_f}{dt} = \omega_f T_f \qquad (9\text{-}44)$$

T_f 為作用在飛輪上的扭矩，當飛輪釋放能量時，電動機器就會像個發電機一樣，將機械能轉成電能。另一方面，當飛輪充電後，電動機器充當電動機，並將電能轉化為機械能儲存在飛輪中。

　　圖 9-16 為電動機器的特性，通常分成兩個獨立運作的區域：扭矩固定區和功率固定區。在扭矩固定區域中，電機的電壓與角速度成正比，氣隙中的磁通量不變。但是，在功率固定區域中，電壓恆定，磁場隨著機器角速度的增加而減弱。

　　飛輪在充電時，從低速 ω_0 加速到最高速 ω_{max}，例如，扭矩可從電動機器送達

$$T_m = J_f \frac{d\omega_f}{dt} \tag{9-45}$$

假設電動機器直接送到飛輪，時間可表示為

$$t = \int_{\omega_0}^{\omega_{max}} \frac{J_f}{T_m} d\omega = \int_{\omega_0}^{\omega_b} \frac{J_f}{p_m/\omega_b} d\omega + \int_{\omega_b}^{\omega_{max}} \frac{J_f}{p_m/\omega_b} d\omega \tag{9-46}$$

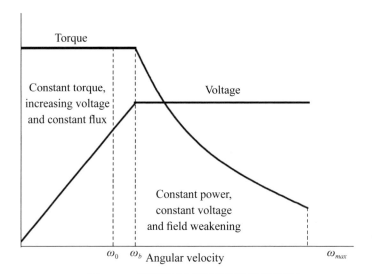

圖 9.16　典型的扭矩和電壓曲線與轉速

有了加速度時間 t，可以得到電動機器的最大功率

$$P_m = \frac{J_f}{2_t}(\omega_b^2 - 2\omega_0\omega_b + \omega_{max}^2) \tag{9-47}$$

上式指出，電動機器的功率可以從角速度或 ω_b，也就是飛輪的底速度 ω_0 來最小化。這個結論表明，有效的飛輪的運行速度範圍應與電機的固定轉速常數一致。電動機器的功率可最小化

$$P_m = \frac{J_f}{2_t}(\omega_b^2 + \omega_{max}^2)$$　　　　　　（9-48）

另一個優點是，通過使飛輪的運行速度範圍與恆定功率速度範圍一致，使得電機的電壓始終恆定，因此大大簡化了電源管理系統，例如 DC/DC 轉換器。

9.3.3　飛輪技術

　　儘管較高的轉速可以顯著增加所儲存的能量（公式（9-35）），但構成飛輪材料的抗拉強度 σ 所能承受由離心力所產生的應力是有極限的。作用在飛輪上的最大應力取決於其幾何形狀，比密度 ρ 和轉速。通過使用最大比值 σ/ρ 的飛輪材料可以獲得最大的效益。請注意，如果飛輪的速度受到材料強度的限制，則理論比能量與 σ/ρ 的比率成正比。

表 9.3　超高速飛輪的複合材料的特性

	Tensile Strength s (MPa)	Specific Energy ρ (kg/m³)	Ratio σ/ρ (Wh/kg)
E-glass	1379	1900	202
Graphite epoxy	1586	1500	294
S-glass	2069	1900	303
Kevlar epoxy	1930	1400	383

　　恆應力原理可用於超高速飛輪的設計。為了獲得最大的能量儲存，轉子中的每個元件都應承受相等的壓力，使其達到最大極限。這導致厚度逐漸減小的形狀，理論上隨著半徑接近無窮大而接近零，如圖 9.17 所示。

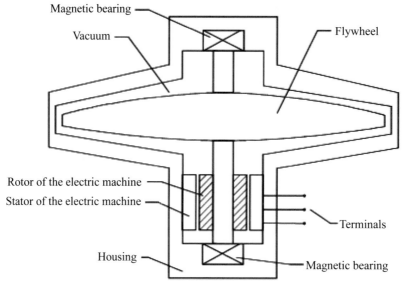

Magnetic bearing
Vacuum
Flywheel
Rotor of the electric machine
Stator of the electric machine
Terminals
Housing
Magnetic bearing

圖 9.17　典型飛輪系統的基礎架構

　　由於極高的轉速，並且爲了減少空氣阻力和摩擦造成的損失，旋轉時飛輪內部的殼體始終處於高眞空狀態，因此使用了非接觸式磁性軸承。電機是飛輪系統中最重要的組件之一，因爲它對系統的性能具有至關重要的影響。目前，飛輪系統通常使用永磁無刷直流電動機，除具有高功率密度和高效率外，永磁無刷直流電動機還具有一個獨特的優勢，即在永磁轉子內部不會產生熱量，這對於轉子在眞空環境中運作，以最大程度地減少風阻損失是至關重要的。開關磁阻電機（SRM）也是飛輪系統應用中非常有希望的候選者。SRM的結構非常簡單，可以高效地高效運行。此外，SRM具有較大的擴展恆定功率速度範圍，這使飛輪中可以傳遞更多能量（請參閱第9.3.2節）。在該擴展的速度區域中，僅機器激勵磁通量變化，並且容易實現。相反，永磁無刷電動機在減弱由永磁感應的磁場強度方面顯示出一些困難。與超高速飛輪用於固定工廠中的能量儲存相比，其在電動汽車和混合動力汽車中的應用存在兩個問題。首先，每當車輛偏離其直線路線時，例如在轉彎以及從道路坡度向上或向下傾斜時，就會產生陀螺力，這些力實質上降低了車輛的機動性。其次，如果飛輪損壞，其以機械形式儲存的能量將在很短的時間內釋放，釋放的相應功率

將非常高，這可能會嚴重損壞車輛。例如，如果 1 kWh 飛輪在 1 到 5 秒鐘內破裂，它將產生 720 到 3,600 kW 的巨大功率輸出。因此，在故障情況下的遏制是目前在電動汽車和混合動力汽車中使用超高速飛輪的最大障礙。減小陀螺力的最簡單方法是使用多個較小的飛輪，透過成對操作它們（一半朝一個方向旋轉，另一個朝相反方向旋轉），淨陀螺效應理論上變爲零。實際上，它仍然存在一些與這些飛輪的分布和協調有關的問題。同樣，所有飛輪的總比能量和比功率可能小於單個飛輪。

　　類似地，爲了最小化超高速飛輪的破損造成的損害，最簡單的方法是採用多個小模塊，但是這意味著車輛性能可能會減少比能量和比功率。最近，已經提出了一種新的故障遏制措施。以基於最大應力原理的轉子的邊緣厚度逐漸減小至零，邊緣厚度被特意放大。因此，在轉子遭受故障的瞬間，緊挨輪緣（實際上是機械熔斷器）之前的區域將首先斷裂。由於使用了這種機械保險絲，因此在故障時僅需要將儲存在輪緣中的機械能，釋放或消散在殼體中。許多公司和研究機構都致力於開發超高速飛輪作爲電動汽車和混合動力汽車的儲能設備，例如 Lawrence Livermore National Laboratory in the U.S.（LLNL）、Ashman Technology、AVCON、Northrop Grumman、Power R&D、Rocketdyne/Rockwell Trinity Flywheel US Flywheel Systems、Power Center at UT Austin 等等。但是，超高速飛輪技術仍處於起步階段。通常，整個超高速飛輪系統可實現 10 至 150 Wh / kg 的比能量和 2 至 10 kW 的比功率。LLIL 建立了一個原型（直徑 20 cm，高度 30 cm），可以達到 60,000 rpm、1 kWh 和 100 kW。

9.4 ｜ 儲能混合

　　儲能器的混合是將兩個或多個儲能器組合在一起，以便可以發揮出每個儲能器的優點，而可以通過其他優點來彌補其缺點，例如：化學電池與超級電容器的混合，可以克服像是電化學電池的低比功率和超級電容器的低比能量的問題，從而實現高比能量和高比功率。基本上，混合儲能裝置由兩個基本儲能裝置組成：一個具有較高的比能量，另一個具有較高的比功率，該系統的基本操作，如圖 9-18 所示。在高功率需求操作（例如加速和爬坡）中，兩個基本能量儲存都將其功率傳遞

給負載，如圖 9.18(a) 所示：

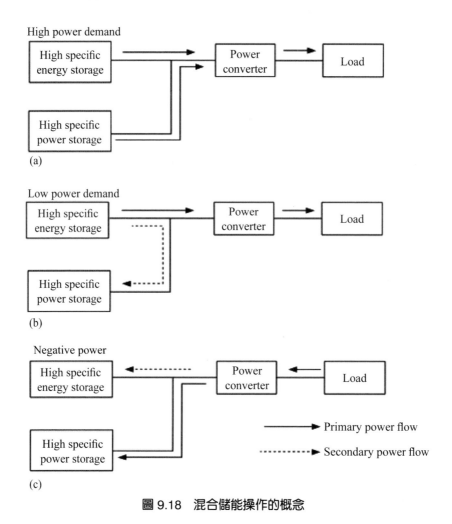

圖 9.18　混合儲能操作的概念

儲能只有一小部分被高比能量吸收，這樣，整個系統的重量和尺寸將比如果其中任何一個單獨的能量儲存裝置小得多。

　　基於各種能量儲存的可用技術，有幾種可行的電動汽車和混合動力汽車的混合方案，通常是電池和電池混合動力，以及電池和超級電容器混合動力，後者更爲自然，因爲超級電容器可以提供比電池更高的功率，並且它與各種電池協作形成電池

和超級電容器混合動力，在混合過程中，最簡單的方法是將超級電容器直接和並聯連接到電池，如圖 9.19 所示：

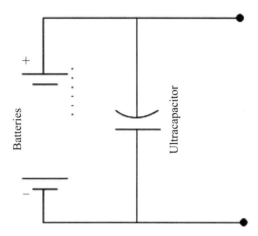

圖 9.19　電池和超級電容器的直接和並聯連接

在這種配置中，超級電容器只是充當電流濾波器，從而可以顯著均衡電池的峰值電流，並降低電池電壓降，如圖 9.20 和圖 9.21 所示，這種配置的主要缺點是無法有效控制功率流，並且無法充分利用超級電容器的能量。

　　圖 9.22 顯示了一種配置，其在電池和超級電容器之間放置了一個四象限 DC/DC 轉換器，這種設計允許電池和超級電容器具有不同的電壓，可以主動控制它們之間的功率流，並且可以充分利用超級電容器中的能量。從長遠來看，超高速飛輪將取代混合動力儲能中的電池，從而為電動汽車和混合動力汽車獲得高效、長壽命的儲存系統。

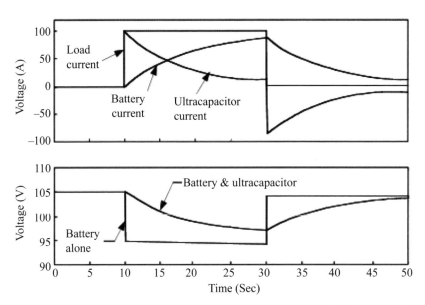

圖 9.20　電池和超級電容器電流和電壓，隨階躍電流輸出變化而變化

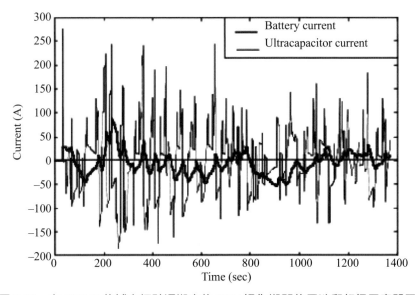

圖 9.21　在 FTP75 的城市行駛週期中的 HEV 操作期間的電池和超級電容器電流

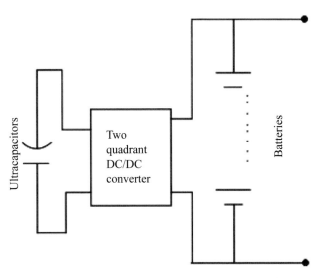

圖 9.22　主動控制混合電池／超級電容器儲能

9.5　燃料電池

9.5.1　燃料電池的工作原理

燃料電池是原電池，其中燃料的化學能通過電化學過程直接轉化爲電能。燃料和氧化劑被連續，且分別地供應到電池的兩個電極，進行反應。如圖 9.23 所示，必須使用電解質才能將離子從一個電極傳導到另一個電極。

燃料被供應到陽極或正電極，在陽極或正電極處，在催化劑的作用下，電子從燃料中釋放出來。電子在這兩個電極之間的電勢差下流過外部電路，到達陰極或負電極，在陰極或負離子中，與正離子和氧結合，產生反應產物或廢氣。燃料電池中的化學反應類似於化學電池中的化學反應。燃料電池的熱力學電壓與反應中釋放的能量和轉移的電子數量密切相關。電池單元反應釋放的能量，由吉布斯自由能 ΔG 的變化給出，通常以每摩爾量表示。

147

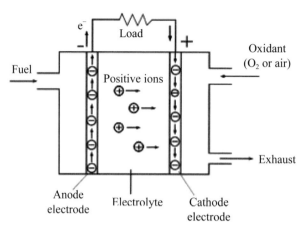

圖 9.23　燃料電池的基本運作

化學反應中，吉布斯自由能的變化可以表示為

$$\Delta G = \Sigma_{Products} G_i - \Sigma_{Reactants} G_j \qquad (9\text{-}49)$$

　　其中 G_i 和 G_j 是產物的物種和反應物的物種中的自由能。在可逆過程中，ΔG 完全轉換為電能，也就是

$$\Delta G = -nFV_r \qquad (9\text{-}50)$$

　　其中 n 是反應中轉移的電子數，$F = 96{,}495$（法拉第常數），單位為庫侖 / 摩爾，V_r 是電池的可逆電壓。在標準條件下（25℃溫度和 1 個大氣壓），電池單元的開路（可逆）電壓可以表示為

$$V_r^0 = -\frac{\Delta G^0}{nF} \qquad (9\text{-}51)$$

其中 ΔG^0 是標準條件下，吉布斯自由能的變化。ΔG 表示為

$$\Delta G = \Delta H - T\Delta S \tag{9-52}$$

ΔH 和 ΔS 分別是絕對溫度 T 下反應的焓和熵。表 9-4 列出了某些典型物質的標準焓、熵和吉布斯自由能的值。

表 9.4　標準燃料的標準焓和吉布斯自由能

Substance	Formula	ΔH_{298}° (kJ/mol)	ΔS_{298}° (kJ/mol K)	ΔG_{298}° (kJ/mol)
Oxygen	O(g)	0	0	0
Hydrogen	H(g)	0	0	0
Carbon	C(s)	0	0	0
Water	$H_2O(l)$	−286.2	−0.1641	−237.3
Water	$H_2O(g)$	−242	−0.045	−228.7
Methane	$CH_4(g)$	−74.9	−0.081	−50.8
Methanol	$CH_3OH(l)$	−238.7	−0.243	−166.3
Ethanol	$C_2H_5OH(l)$	−277.7	−0.345	−174.8
Carbon monoxide	CO(g)	−111.6	0.087	−137.4
Carbon dioxide	CO_2	−393.8	0.0044	−394.6
Ammonia	$NH_3(g)$	−46.05	−0.099	−16.7

表 9.5 顯示了燃料電池在 25℃和 1 個大氣壓下的某些反應的熱力學數據。

表 9.5　25℃溫度和 1 個大氣壓下，不同反應的熱力學數據

	ΔH_{298}° (kJ/mol)	ΔS_{298}° (kJ/mol K)	ΔG_{298}° (kJ/mol)	n	E° (V)	η_{id} (%)
$H_2 + \frac{1}{2}O_2 \rightarrow H_2O(l)$	−286.2	−0.1641	−237.3	2	1.23	83
$H_2 + \frac{1}{2}O_2 \rightarrow H_2O(g)$	−242	−0.045	−228.7	2	1.19	94
$C + \frac{1}{2}O_2 \rightarrow CO(g)$	−116.6	0.087	−137.4	2	0.71	124
$C + O_2 \rightarrow CO_2(g)$	−393.8	0.003	−394.6	4	1.02	100
$CO + \frac{1}{2}O_2 \rightarrow CO_2(g)$	−279.2	−0.087	−253.3	2	1.33	91

可逆原電池的理想效率與電池反應的焓有關,即

$$\eta_{id} = \frac{\Delta G}{\Delta H} = 1 - \frac{\Delta S}{\Delta H} T \qquad (9\text{-}53)$$

如果電化學反應不涉及氣體摩爾數的變化,即當 ΔS 為零時,η_{id} 將為 100%。例如,$C + O_2 = CO_2$ 的反應就是這種情況。但是,如果反應的熵變 ΔS 為正,則該反應等溫且可逆地進行的電池,不僅具有化學能 ΔH,而且從周圍吸收的熱量 $T\Delta S$(類似於熱泵),轉化為電能(見表 9-5)。

在化學反應中,自由能的變化以及電池電壓的變化是溶液種類活性的函數。電池電壓對反應物活性的關係表示為

$$V_r = V_r^0 - \frac{RT}{nF} ln \left[\frac{\Pi(activities\ of\ products)}{\Pi(activities\ of\ reactants)} \right] \qquad (9\text{-}54)$$

其中 R 為通用氣體常數,8.31 焦耳 / 莫爾 K,T 為絕對溫度,單位為 K。對於氣態反應物和產物,公式(9.5)可以表示為

$$V_r = V_r^0 - \frac{RT}{nF} \Sigma_i V_i ln \left(\frac{p_i}{p_i^0} \right) \qquad (9\text{-}55)$$

其中 V_r 是在非標準壓力 p_i 下,與氣態反應物進行反應的電池電壓,V_r^0 是所有氣體在標準壓力 p_i^0(通常為 1atm)下對應的電池電壓,V_i 是物質的摩爾數,對產物而言為正,對於反應物而言為負。圖 9.24 顯示了電池電壓的溫度關係和理想的可逆效率。

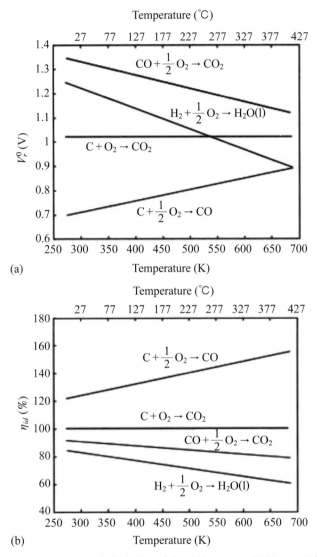

圖 9.24　電池電壓與可逆效率的溫度相關性：(a) 電壓和 (b) 可逆效率

9.5.2　電極電位和電流―電壓曲線

實驗表明，靜止電壓 V 通常低於根據 ΔG 值計算得出的可逆電壓 V_r^0。電壓降稱爲靜止電壓降 ΔV_0，原因可能是放電過程存在顯著的動力學障礙，否則可能是該

過程未按照 V_r^p 的熱力學計算中假定的方式進行。靜止電壓降通常取決於電極材料和所用電解質的種類。當從電池中汲取電流時，電壓下降是由電極和電解質中存在的歐姆電阻引起的，該電阻與電流密度成正比增加，也就是說

$$\Delta V_{\Omega} = R_e i \qquad (9\text{-}56)$$

其中 R_e 是每單位面積的等效歐姆電阻，i 是電流密度。在燃料電池中，由於需要額外的能量來克服激活障礙，因此在推動物質發生反應時，會損失一部分產生的能量。這些損耗稱為激活損耗，用激活電壓降 ΔV_a 表示。該電壓降與電極和催化劑的材料密切相關。塔菲爾方程最常用於描述此行為，通過該方程可將電壓降表示為

$$\Delta V_a = \frac{RT}{\beta nF} ln\left(\frac{i}{i_0}\right) \qquad (9\text{-}57)$$

也可以寫成更方便的

$$\Delta V_a = a + b \, ln(i) \qquad (9\text{-}58)$$

其中 $a = -\left(\frac{RT}{\beta nF}\right) ln(i_0)$，$b = \frac{RT}{\beta nF}$，$i_0$ 是平衡狀態下的交流電，b 根據過程而為常數。當電流流動時，離子在負電極附近放電，結果，該區域中的離子濃度漸漸降低。如果要保持電流，則必須將離子傳輸到電極，這是因為離子是從電解質中解離而來的，並且由於濃度梯度的變化直接傳輸，透過對流或攪拌使電解質大量運動，也有助於使離子濃度上升。缺少離子而導致的電壓降稱為濃度電壓降，因為它與電極緊鄰處的電解質濃度降低相關。對於小電流密度，濃度電壓降通常很小。隨著電流密度的增加，當離子向電極的最大傳輸速率與電極表面的濃度降至零時，電流密度達到極限。由於陰極電極附近離子濃度降低引起的電壓降可以表示為

$$\Delta V_{c1} = \frac{RT}{nF} ln\left(\frac{i_L}{i_L - i}\right) \qquad (9\text{-}59)$$

在產生離子的陽極電極處為

$$\Delta V_{c2} = \frac{RT}{nF} ln\left(\frac{i_L + i}{i_L}\right) \tag{9-60}$$

其中 i_L 是極限電流密度。

　　因為濃度引起的電壓降不僅限於電解質。當反應物或產物為氣態時，反應區中分壓的變化也代表濃度的變化。例如，在氫氧燃料電池中，氧氣可能會從空氣中引入。當反應發生時，氧氣在電極孔的表面附近被除去，與空氣相比，氧氣的分壓在那裡下降了。（舉例）分壓的變化引起的電壓降，該電壓降可表示為

$$\Delta V_{cg} = \frac{RT}{nF} ln\left(\frac{p_s}{p_0}\right) \tag{9-61}$$

其中 p_s 是表面的分壓，p_0 是散裝進料中的分壓。

　　圖 9.25 顯示了氫氧燃料電池在 80℃溫度下的電壓—電流曲線，可以看出，由化學反應引起的壓降（包括活化和濃度）是電壓降的來源，這也表明，使用諸如納米技術之類的先進技術和先進的催化劑，來改善電極材料和製造，將大大降低電壓降，從而提高燃料電池的效率。燃料電池中的能量損失由電壓降表示，因此，燃料電池的效率可以寫成

$$\eta_{fc} = \frac{V}{V_r^0} \tag{9-62}$$

其中 V_r^0 是標準條件（T-298 K 和 p-1atm）下的電池可逆電壓。效率曲線與電壓曲線嚴格相同。氫氧燃料電池的效率—電流曲線（參見圖 9.25）如圖 9-26 所示，圖 9.26 表明，隨著電流的增加，效率降低，功率增加。因此，以低電流然後以低功率運行燃料電池實現了高運行效率。但是，考慮到其輔助設備（例如空氣循環泵、冷卻水循環泵等）消耗的能量，由於功率百分比較高，因此非常低的功率（其最大功率的 10%）會導致運行效率低下，輔助設備的功耗。稍後將對此進行更詳細的討論。

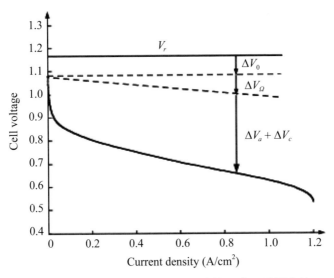

圖 9.25　氫氧燃料電池在 T 80℃時的電流—電壓曲線

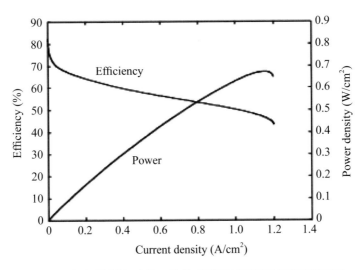

圖 9.26　氫氧燃料電池的工作效率和功率密度以及電流密度

9.5.3　燃料和氧化劑消耗

　　燃料電池中的燃料和氧化劑消耗，與從燃料電池汲取的電流成比例。燃料電池中的化學反應通常可以用（9-15）描述，其中 A 是燃料，B 是氧化劑，C 和 D 是產物，n 個電子被轉移。

$$A + x_B B \rightarrow x_c C + x_D D \tag{9-63}$$

與從燃料電池汲取的電流相關之燃料質量流量可以表示爲

$$\dot{m}_A = \frac{W_A I}{1000nF} \text{ (kg/sec)} \tag{9-64}$$

其中 W_A 是分子量，I 是燃料電池電流，F = 96.495 C/mol 是法拉第常數，氧化劑質量流量與燃料質量流量的化學計量比可以表示爲

$$\frac{\dot{m}_B}{\dot{m}_A} = \frac{x_B W_B}{W_A} \tag{9-65}$$

對於氫氧燃料電池（反應參見表 12.2），氫與氧的化學計量比爲

$$\left(\frac{\dot{m}_H}{\dot{m}_O}\right)_{stoi} = \frac{0.5 W_O}{W_H} = \frac{0.5 \times 32}{2.016} = 7.937 \tag{9-66}$$

氧化劑與燃料的當量比定義爲，實際氧化劑與燃料的比與化學計量比的比，即

$$\lambda = \frac{(\dot{m}_B/\dot{m}_A)_{actual}}{(\dot{m}_B/\dot{m}_A)_{stoi}} \tag{9-67}$$

當 $\lambda < 1$ 時，反應富含燃料。當 $\lambda = 1$ 時，反應是化學計量的。當 $\lambda > 1$ 時，反應貧油。實際上，燃料電池總是以 $\lambda >$ 運行，爲了減少由於濃度引起的電壓降，會供應超過化學計量值的過量空氣。對於燃料電池，使用 O_2 作爲氧化劑，通常使用空氣，而不是純氧。在這種情況下，燃料與空氣的化學計量比可以表示爲

$$\frac{\dot{m}_{air}}{\dot{m}_a} = \frac{(x_O W_O)/0.232}{W_A} \tag{9-68}$$

假設氧氣質量占空氣質量的 23.2%。對於氫空氣燃料電池，方程式（9-19）變為

$$\left(\frac{\dot{m}_{air}}{\dot{m}_H}\right)_{stoi} = \frac{(0.5 W_O)/0.232}{W_H} = \frac{(0.5 \times 32)/0.232}{2.016} = 34.21 \tag{9-69}$$

9.5.4 燃料電池系統特性

　　實際上，燃料電池需要助劑來支持其運行。輔助設備主要包括空氣循環泵、冷卻劑循環泵、通風風扇、燃料供應泵和電氣控制裝置，如圖 9-27 所示。在輔助設備中，空氣循環泵是最大的能源消耗，空氣循環泵（包括其驅動馬達）消耗的功率可能占燃料電池組總輸出功率的 10%。與空氣循環泵相比，其他輔助設備消耗的能量要少得多。

　　在燃料電池中，為了減小電壓降，電極表面的氣壓 p 通常高於大氣壓 p_0。根據熱力學，以質量流量 m 將空氣從低壓 p_0 壓縮到高壓 p 所需的功率。空氣可以透

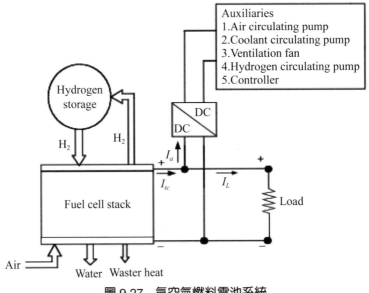

圖 9.27　氫空氣燃料電池系統

過 4、5 計算

$$P_{air\text{-}comp} = \frac{\gamma}{\gamma-1}\dot{m}_{air}RT\left[\left(\frac{p}{p_0}\right)^{(\gamma-1)/\gamma}-1\right](W) \qquad (9\text{-}70)$$

其中 γ 是空氣的比熱之比（= 1.4），R 是空氣的氣體常數（287.1J /kg K），T 是壓縮機入口處的溫度，以 K 為單位。對於空氣循環泵，必須考慮到空氣泵和電機驅動器中的能量損失。因此，消耗的總功率為

$$P_{air\text{-}cir} = \frac{P_{air\text{-}comp}}{\eta_{ap}} \qquad (9\text{-}71)$$

其中 η_{ap} 是氣泵加電動機驅動器的效率。

圖 9.28 顯示了氫空氣燃料電池系統運行特性的示例，其中 $\lambda = 2$，$p/p_0 = 3$ 和 $\eta_{ap} = 0.8$，以及淨電流和淨功率是流向氫燃料電池系統的電流和功率（見圖 9.27）。該圖表明，燃料電池系統的最佳操作區域在電流範圍的中間區域，即最大電流的 7% 至 50%。大電流會導致燃料電池堆中的電壓降大，從而導致效率低下；另一方面，小電流會由於助劑的能耗百分比增加，而導致低效率。

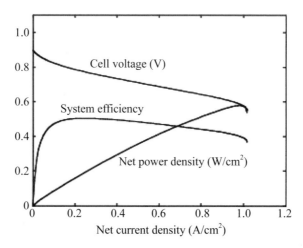

圖 9.28 氫空氣燃料電池的電池電壓，系統效率和淨功率密度隨淨電流密度而變化

9.5.5 燃料電池技術

可以根據電解質的類型區分六種主要類型的燃料電池。質子交換膜（PEM）或聚合物交換膜燃料電池（PEMFC）、鹼性燃料電池（AFC）、磷酸燃料電池（PAFC）、熔融碳酸鹽燃料電池（MCFC）、固體氧化物燃料電池（SOFC）和直接甲醇燃料電池（DMFC）。表 9-6 列出了它們的正常工作溫度和電解質狀態。

1. 質子交換膜燃料電池

PEMFC 使用固體聚合物膜作為電解質。聚合物膜是全氟磺酸，也稱為 Nafion（®Dupont）。該聚合物膜是酸性的。因此，傳輸的離子是氫離子（H）或質子。PEMFC 由純氫氣和氧氣或空氣作為氧化劑提供燃料。

表 9.6 各種燃料電池系統的運行數據

Cell system	Temperature °C	Electrolyte state
Proton exchange fuel cells	60-100	Solid
Alkaline fuel cells	100	Liquid
Phosphoric acid fuel cells	60-200	Liquid
Molten carbonate fuel cells	500-800	Liquid
Solid oxide fuel cells	1000-1200	Solid
Direct methanol fuel cells	100	Solid

聚合物電解質膜塗覆有碳載催化劑，催化劑、擴散層和電解質都直接接觸，以實現最大化的界面。催化劑構成電極，直接在催化劑層上方的是擴散層。電解質、催化劑層和氣體擴散層的組裝稱為膜電極組裝。

催化劑是 PEM 燃料電池中的關鍵問題。在早期實現中，需要很高的鉑負載量才能使燃料電池正常運行，催化劑技術的巨大改進，使得將負載量從 $28mg/cm^2$ 可能降低到 $0.2mg/c^2$。由於燃料電池的低工作溫度和電解質的酸性，因此催化劑層需要貴金屬，陰極是最關鍵的電極，因為氧的催化還原比氫的催化氧化更困難。

PEM 燃料電池中的另一個關鍵問題是水管理。為了正確操作，聚合物膜需要保持溼潤。實際上，聚合物膜中離子的傳導需要溼度。如果膜太乾，將沒有足夠的酸離子來攜帶質子。如果太溼（充滿），擴散層的孔將被阻塞，反應氣體將無法到

達催化劑。

在 PEM 燃料電池中，陰極上會形成水。可以通過將燃料電池保持在一定溫度下充分流動以將水蒸發，並將其以蒸氣形式帶出燃料電池，將其除去。但是，這種方法很困難，因爲誤差範圍很窄。一些燃料電池堆依靠大量過量的空氣運行，這些空氣通常會使燃料電池乾燥，並使用外部加溼器透過陽極供水。

PEM 燃料電池中的最後一個主要關鍵問題是中毒。鉑催化劑具有極高的活性，因此可提供出色的性能，這種巨大活性的權衡是對一氧化碳（CO）和硫產品的親和力大於氧氣。毒物與催化劑牢固結合並阻止氫或氧到達催化劑，電極反應不會在中毒的地方發生，並且燃料電池的性能會下降。如果從重整器中輸入氫氣，則物流中將包含一氧化碳，如果空氣是從汙染城市的大氣中抽出的，則一氧化碳也可能以氣流形式進入燃料電池。一氧化碳中毒是可逆的，但要付出代價，並且需要對每個細胞進行單獨處理。

根據美國載人航天計畫的需要，在 1960 年代開發了首批 PEM 燃料電池。現在它是巴拉德（Ballard）等製造商研究最多的，用於汽車應用的燃料電池技術，它在 60℃至 100℃的溫度下工作，可提供 0.35 至 0.6W/cm^2 的功率密度。PEM 燃料電池在電動汽車和混合動力汽車（HEV）的應用中具有一定的優勢。首先，對於 EV 和 HEV 而言，其低溫操作以及因此其快速啓動是期望的。其次，在所有可用類型的燃料電池中，功率密度最高，功率密度越高，爲了期望的功率需求而需要安裝的燃料電池的尺寸越小。第三，其固體電解質不會改變，移動或從電池中蒸發。最後，由於電池中唯一的液體是水，因此基本上可以確定發生腐蝕的可能性。但是，它也有一些缺點，例如需要昂貴的貴金屬，昂貴的膜以及容易中毒的催化劑和膜。

2. 鹼性燃料電池

鹼性燃料電池在離子與電極之間使用氫氧化鉀（酸值）水溶液作爲電解質。由於電解質爲鹼性，因此離子傳導機制與質子交換膜燃料電池不同。鹼性電解質運載氫氧離子（OH^-）。這影響燃料電池的幾個其他方面。半反應式：

陽極：　　　　　　　　$2H_2 + 4OH^- \rightarrow 4H_2O + 4e^-$　　　　　　　（9-72）

陰極：　　　　　　　　$O_2 + 4e^- + 2H_2O \rightarrow 4OH^-$　　　　　　　（9-73）

不同於酸性燃料電池，水在氫電極被形成。水是需要在負極由氧氣減少。因此，水的控制是個問題，有時是通過做電極，解決防水和保留水在電解質。陰極反應會消耗電解質中的水，而陽極反應會排斥其產生水，過量的水（每反應 2 莫耳）則會蒸發。

鹼性燃料電池能夠在 80℃ 至 230℃ 和 2.2 至 45atm 的溫度和壓力範圍內工作。在高溫時使用高濃度的電解質，其濃度如此之高，以至於離子傳輸機制從水溶液變為熔融鹽。

由於氫氧化物電解質允許的快速動力學，鹼性燃料電池能有非常高的效率。氧氣反應（$O_2 \rightarrow OH^-$）特別比酸性燃料電池中的氧還原容易得多。結果，激活損失非常低。鹼性燃料電池中的快速動力學可以使用銀或鎳代替鉑作為催化劑。大大降低了燃料電池堆的成本。

當電解質在循環時，該燃料電池被稱為「移動電解質燃料電池」。這種結構的優點是：

· 由於電解質作為冷卻劑，因此易於進行熱管理。

· 更均勻的電解質濃度，解決了陰極周圍的濃度問題。

· 使用電解質進行水管理的可能性。如果電解質被二氧化碳嚴重汙染，則有可能更換電解質。

· 最後，有可能在關閉燃料電池時，從燃料電池中去除電解質，這有可能極大地延長電池組的使用壽命。

缺點是：

· 最大的問題是洩漏風險增加，由於氫氧化鉀具有很高的腐蝕性，即使使用最緊密的密封墊，也有自然洩漏的趨勢。

· 循環泵的建造、供熱交換器和最終的蒸發器更加複雜。如果電解液循環太劇烈或電池之間的隔離程度不夠，則可能會導致兩個電池之間發生內部電解短路的風險。

鹼性電解質對二氧化碳具有高親和力，它們共同形成碳酸根離子（CO_3^{2-}）。這些離子不參與燃料電池反應並降低其性能。且碳酸鹽還會沉澱並阻塞電極。通過循環電解液可以解決最後一個問題，利用二氧化碳洗滌器可去除氣流中的氣體，但

此解決方案提高了成本和複雜性。

鹼性燃料電池的優點是它們只要便宜的催化劑及電解質、高效率和低溫運行。缺點則是腐蝕性電解質而導致耐用性受損，燃料電極上產生的水以及二氧化碳中毒。

3. 磷酸燃料電池

磷酸燃料電池依賴於酸性電解質（例如質子交換膜燃料電池）來傳導氫離子。陽極和陰極反應與質子交換膜燃料電池反應相同。磷酸（H_3PO_4）是一種黏性液體，通過多孔性碳化矽基體中燃料電池中的毛細管作用而被包含。

磷酸燃料電池是第一個上市的燃料電池，很多醫院、旅館和軍事基地都拿來滿足部分或全部電力和熱力需求。但可能由於溫度問題，很少用在車輛上。

磷酸電解質的溫度必須保持在其凝固點以上，42℃以上，冷凍和解凍酸會使電池堆承受不適當的壓力。將這些電池堆保持在該溫度以上，需要額外的硬體，這增加了其成本、複雜性、重量和體積。這些問題中大多數都是次要的，但在車輛上的應用並不相容。

較高的工作溫度（高於 150℃）引起的另一個問題是與加熱堆相關的耗能。每次啟動燃料電池時，為了加熱到工作溫度，都會消耗一些能量（即燃料），並且每次關閉燃料電池時，都會浪費能量。

磷酸燃料電池的優點是使用便宜的電解質、較低的工作溫度和合理的啟動時間。缺點是昂貴的催化劑（鉑），受酸性電解質而腐蝕，CO_2 中毒以及效率低。

4. 熔融碳酸鹽燃料電池

熔融碳酸鹽燃料電池是高溫燃料電池，它的溫度在 500℃至 800℃。它們依靠熔融的碳酸鹽傳導離子，通常是鋰—碳酸鉀或鋰—碳酸鈉。傳導的離子是碳酸根離子（CO_3^{2-}）。離子傳導機制相似於磷酸燃料電池或高濃度鹼性燃料電池中的熔融鹽傳導機制。半反應式為

陽極：$$H_2 + CO_3^{2-} \rightarrow H_2O + CO_2 + 2e^-$$ (9-74)

陰極：$$\frac{1}{2}O_2 + CO_2 + 2e^- \rightarrow CO_3^{2-}$$ (9-75)

　　與其他燃料電池的主要區別在於，必須在陰極提供二氧化碳，而不需要外部電源，因為它可以從陽極回收。從未與純氫一起使用，而是與碳氫化合物一起使用。

　　實際上，高溫燃料電池的主要優點是，它們幾乎可以直接處理碳氫燃料，因為高溫能在電極上分解為氫。由於目前碳氫化合物燃料的可用性，這對於汽車應用將是巨大的優勢。

　　然而，由於其電解質的性質，碳酸鹽是鹼性，特別是在高溫下具有極強的腐蝕性。這不僅不安全，還存在電極腐蝕的問題。汽車引擎蓋下具有 $500°C$ 至 $800°C$，這對汽車來說是不安全的。

　　內燃機裡的氣體本身溫度確實達到 $1000°C$ 以上，並且發動機的大部分部件通過冷卻系統控制溫度約在 $100°C$。然而加熱燃料電池的燃料消耗也是一個問題，在高溫運作下，和熔化電解質所需的潛熱而惡化。這些缺點可能將熔融碳酸鹽燃料電池限制在固定或穩定的動力應用中。

　　熔融碳酸鹽燃料電池的優點在於，使用碳氫燃料作為燃料，不需要貴金屬當催化劑，由於動力學快速而對效率的提高，以及對中毒的敏感性低。缺點則是由於高溫而導致啟動需花較長時間，所以不適合作為備用發電機。

5. 固態氧化物燃料電池

　　固態氧化物燃料電池的電解質材料是一種陶瓷電解質，通常，陶瓷的材料是釔安定氧化鋯（YSZ）來傳導氧離子（O_2）。傳導機制類似於在半導體（通常稱為固態器件）中觀察到的傳導機制，燃料電池的名稱就是從這種相似性得出的。半反應式為

$$陽極：\qquad H_2 + O_2^- \rightarrow H_2O + 2e^- \qquad\qquad (9\text{-}76)$$

$$陰極：\qquad \frac{1}{2}O_2 + 2e^- \rightarrow O_2^- \qquad\qquad (9\text{-}77)$$

　　固態氧化物燃料電池的最大優點是這種固態電解質，不需要處理電解質。在高溫運作下允許使用碳氫化合物燃料，如熔融碳酸鹽燃料電池。固態氧化物燃料電池有相當高的理論發電效率及能量利用效率，且廣泛使用。

　　固態氧化物燃料電池的缺點主要還是與高溫（安全性、燃料經濟性）有關。熱

循環容易使電池裂開，陶瓷電解質脆弱容易斷裂。對於經常發生振動的車輛應用而言，這部分是很重要的。

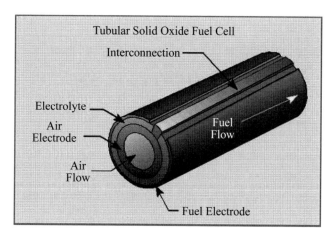

圖 9.29　管狀固體氧化物燃料電池

6. 直接甲醇燃料電池

直接甲醇燃料電池的陽極使用甲醇溶液作為燃料，陰極通入含氧的空氣，在陽極的甲醇被氧化成二氧化碳，且放出質子和電子。電化學反應式為

陽極：　　　　　$$CH_3OH + H_2O \rightarrow CO_2 + 6H^+ + 6e^-$$（9-78）

陰極：　　　　　$$\frac{3}{2}O_2 + 6H^+ + 6e^- \rightarrow 3H_2O$$（9-79）

全反應：　　　　$$CH_3OH + \frac{3}{2}O_2 \rightarrow CO_2 + 2H_2O$$（9-80）

甲醇是最簡單的有機燃料，可以用相對豐富的化石燃料，即煤炭和天然氣，以最經濟、最有效的方式大規模生產。

直接甲醇燃料電池的優點為能量密度高、燃料來源廣、可長時間的供電以及簡便，通常在50℃至100℃的溫度下運行。缺點除了與氫燃料電池相比，它的功率密度低、功率響應慢、效率低且壽命短，還有可能發生甲醇穿透的現象。

國家圖書館出版品預行編目資料

電動汽車原理與實務／曾逸敦著. -- 初版.
-- 臺北市：五南圖書出版股份有限公司,
2021.02
　面；　公分
ISBN 978-986-522-289-5（平裝）

1.汽車工程　2.電動汽車

447.1　　　　　　　　　109014541

5DL9

電動汽車原理與實務

作　　者 ― 曾逸敦（279.9）

發 行 人 ― 楊榮川

總 經 理 ― 楊士清

總 編 輯 ― 楊秀麗

副總編輯 ― 王正華

責任編輯 ― 金明芬

封面設計 ― 姚孝慈

出 版 者 ― 五南圖書出版股份有限公司

地　　址：106台北市大安區和平東路二段339號4樓

電　　話：(02)2705-5066　　傳　　真：(02)2706-6100

網　　址：https://www.wunan.com.tw

電子郵件：wunan@wunan.com.tw

劃撥帳號：01068953

戶　　名：五南圖書出版股份有限公司

法律顧問　林勝安律師

出版日期　2021年2月初版一刷
　　　　　2023年2月初版二刷

定　　價　新臺幣320元

經典永恆・名著常在

五十週年的獻禮——經典名著文庫

五南，五十年了，半個世紀，人生旅程的一大半，走過來了。

思索著，邁向百年的未來歷程，能為知識界、文化學術界作些什麼？

在速食文化的生態下，有什麼值得讓人雋永品味的？

歷代經典・當今名著，經過時間的洗禮，千錘百鍊，流傳至今，光芒耀人；

不僅使我們能領悟前人的智慧，同時也增深加廣我們思考的深度與視野。

我們決心投入巨資，有計畫的系統梳選，成立「經典名著文庫」，

希望收入古今中外思想性的、充滿睿智與獨見的經典、名著。

這是一項理想性的、永續性的巨大出版工程。

不在意讀者的眾寡，只考慮它的學術價值，力求完整展現先哲思想的軌跡；

為知識界開啟一片智慧之窗，營造一座百花綻放的世界文明公園，

任君遨遊、取菁吸蜜、嘉惠學子！